AI绘画101例

——小白上手宝典

全彩·视频版

◎ 殷娅玲 李虹霖 著

中国水利水电出版社
www.waterpub.com.cn
·北京·

内容提要

目前，AI 技术已经广泛应用于我们工作生活中的各个领域。进入人工智能 2.0 时代后，AIGC 技术（生成式人工智能）发展迅速，通过该技术可以自动生成文章、图像、音视频等。《AI 绘画 101 例——小白上手宝典（全彩·视频版）》就以案例的形式介绍了该技术的一个重要分支——AI 绘画，也就是通过使用了机器学习、深度学习等算法的 AIGC 技术让计算机自动生成图像。

《AI 绘画 101 例——小白上手宝典（全彩·视频版）》共 10 章，其中在第 1 章介绍了 Midjourney、Stable Diffusion、文心一格等当前比较流行的 AI 绘画软件，其余 9 章则分别介绍了各软件在不同场景下的实际应用，如头像、壁纸、美图、宣传设计、广告设计、装帧设计、界面设计、产品设计、建筑及家居设计等。全书设计了 100 多个案例，每个案例都提供了多种可替换的关键词，读者只需将案例中的可替换关键词进行替换，即可变换出不同风格或不同应用场景的更多案例。

《AI 绘画 101 例——小白上手宝典（全彩·视频版）》案例涵盖面广，出图效果精美，适合所有 AI 绘画爱好者学习，也适合作为相关培训机构的教材。

图书在版编目（CIP）数据

AI 绘画 101 例：小白上手宝典：全彩·视频版 / 殷娅玲，李虹霖著 . — 北京：中国水利水电出版社，2024.3
（AI 绘画丛书）
ISBN 978-7-5226-2272-9

I. ① A... II. ①殷... ②李... III. ①图像处理软件 IV. ① TP391.413

中国国家版本馆 CIP 数据核字 (2024) 第 009400 号

丛 书 名	AI 绘画丛书
书 名	AI 绘画 101 例—— 小白上手宝典（全彩·视频版） AI HUIHUA 101 LI——XIAOBAI SHANGSHOU BAODIAN
作 者	殷娅玲 李虹霖 著
出版发行	中国水利水电出版社 （北京市海淀区玉渊潭南路 1 号 D 座　100038） 网址：www.waterpub.com.cn E-mail：zhiboshangshu@163.com 电话：（010）62572966-2205/2266/2201（营销中心）
经 售	北京科水图书销售有限公司 电话：（010）68545874、63202643 全国各地新华书店和相关出版物销售网点
排 版	北京智博尚书文化传媒有限公司
印 刷	北京富博印刷有限公司
规 格	190mm×235mm　16 开本　15.5 印张　285 千字
版 次	2024 年 3 月第 1 版　2024 年 3 月第 1 次印刷
印 数	0001-3000 册
定 价	118.00 元

PREFACE
前 言

比尔·盖茨曾说过，人工智能的历史意义不亚于互联网的诞生。英国一本著名的商业杂志则在一篇文章中提到人工智能是一种翻天覆地的变化，可类比蒸汽机、电力和计算机时代，是第四次工业革命。

AI（Artificial Intelligence，人工智能）正不断地改变世界。AI 绘画行业所引发的变革，更是印证了上述杂志文章中所使用的"翻天覆地"这个词。如果你充分掌握了 AI 绘画软件的使用技术，那么只需输入几个简单的指令，就可以在以秒计算的极短时间内创作出质量不错的、足以应对一般需求的绘画作品。事实上，在插画艺术、广告设计、出版传媒、电商等行业，以及在其他众多行业，利用 AI 进行绘画、设计海报，正在从一项"令人惊叹的新技术"，成为"从业者的日常"。

然而，任何"令人惊叹的简便"的背后，必然有着"专业的训练"，对 AI 绘画软件的使用也是如此。如果你充分掌握了 AI 绘画软件的使用技巧，便可能快速地从"绘画小白"一跃成为"成熟插画师""专业设计师"。

针对广大读者的学习、工作实际需求，我们创作了这本《AI 绘画 101 例——小白上手宝典（全彩·视频版）》。本书具有如下五大特色。

第一，场景式学习，读者可以根据自己工作、生活需要，将案例进行"平移"。

书中根据人们工作、生活的实际需求（特别是商业需求），设计了多种使用场景：头像、壁纸、美图、宣传设计、广告设计、装帧设计、界面设计、产品设计、建筑及家居设计等，读者可以根据需要，对书中不同场景下的案例进行"平移"，实现"所学即所用"。

第二，案例式学习，重在实操，读者替换关键词即可创作新作品。

书中根据不同场景展示了若干案例。读者只需将案例中的可替换关键词进行替换，即可变换出不同的风格或更多的应用案例。通过这种方法，读者可以快速掌握 AI 绘画技巧，真正做到举一反三，让绘画作品达到"拿来就能用"的效果。

第三，"傻瓜式"学习，读者按步骤操作即可快速上手。

书中所有 AI 绘画案例的创作过程，都分解为清晰而简单的几个步骤，并展示每个步骤所使用的关键词。无论读者是否具有绘画基础，只需跟随教程操作，就能够创作出属于自己的 AI 图画，快速提升 AI 绘画能力，实现从入门到精通的飞跃。

第四，囊括目前主流 AI 绘画软件的使用方法，读者省去自行探索的时间成本。

本书不但讲述了目前市面上主流 AI 绘画软件的使用方法、使用场景，而且还以"作者心得"的方式对它们进行了比较，读者可以根据自己的使用场景选取适合的软件。

第五，精心梳理的指令合集，让读者拥有强大的"武器库"。

对 AI 绘画软件的驾驭能力，很大程度上取决于使用者是否拥有强大的指令库并从中选择合适指令的能力。本书有专门配套赠送的"AI 绘图指令合集"，这些指令都是由作者在创作过程中精心挑选和梳理而成的，读者拥有了这个"武器库"，就可以轻松驾驭目前市面上主流的 AI 绘画软件。

无论你是初学者还是已经具有一定经验的用户，我们都希望本书能够成为你学习和应用 AI 绘画技术的得力工具，为你的工作和生活助力。

尽管本书经过了作者和出版编辑的精心审读，但限于时间、篇幅，难免有疏漏之处，望各位读者体谅包涵，不吝赐教。

AI 绘图指令合集可以通过以下 2 种方法下载：

（1）扫描"AI 绘画实用社群"二维码，加入社群，可在群里获取资源下载链接，也可在群里一起探讨 AI 绘画的技巧，分享 AI 绘画的快乐！

AI 绘画实用社群

（2）扫描"读者交流圈"二维码，加入交流圈即可获取资源下载链接，本书的勘误等信息也会及时发布在交流圈中。将资源链接复制到浏览器的地址栏中，按 Enter 键，即可根据提示下载（只能通过计算机下载，手机不能下载）。

读者交流圈

致谢

衷心感谢罗巨浪先生，为本书的项目策划、内容规划、整体框架，提供宝贵的指导。

衷心感谢黄燕平女士参与本书部分内容的编写工作。

衷心感谢白朋先生对本书版式所进行的精心设计。

衷心感谢王晓铃女士、周冰渝女士对本书编写工作所提供的帮助。

感谢所有阅读本书的读者，敬请你对我们的书籍提出合理化建议。

CONTENTS

目 录

第 1 章 软件介绍

学习内容 ▼

一、Midjourney

（一）软件介绍

Midjourney 是搭载在 Discord 上的一款 AI 绘画软件，它的创始人是 David Holz，2022 年 3 月面向公众发布。2023 年 5 月，Midjourney 官方中文版开启内测。

Midjourney 的使用对于新手来说十分友好，操作简单便捷，能轻松上手，且出图效果非常好。使用 Midjourney 时只需在对话框输入"/"，然后输入指令和绘制内容并发送，就可以等待画作自动生成了。

（二）界面介绍

下面介绍几个 Midjourney 的常见指令。

/imagine：文生图指令。输入这个指令后，对话框内会出现一个单词 prompt，在 prompt 后输入文字内容，并按"回车键（Enter）"发送，就能获得根据文字内容绘制的图片。

/settings：设置指令。在这里可以选择 Midjourney 的版本、模式、风格以及出图速度。

/blend：混合指令。可以将 2 ~ 5 张图片混合，生成新的图片。

/describe：描述指令。根据输入的图片，可以生成文字描述，帮助我们获得与输入图片相同风格的关键词。

Midjourney 操作简单，功能强大，相信跟着本书尝试创作几个案例后，就可以快速踏上独立创作之路。

二、Stable Diffusion

（一）软件介绍

Stable Diffusion（稳定扩散）是 2022 年 Stability AI 公司发布的从文本生成图像的模型，是目前市场上较流行的 AI 绘画工具之一，它的特点是可以免费使用，但对硬件配置要求较高。

更为大众所接受的是 Stable Diffusion 的衍生版本 Stable Diffusion WebUI，它是在 Stable Diffusion 模型的基础上进行了封装，让 Stable Diffusion 的操作界面更为简洁，更易上手，并且能够通过安装插件的方式更好地处理图像，从而得到更高质量的图片。

在本书中，将通过 Stable Diffusion WebUI 来教读者生成各种不同案例。

（二）界面介绍

作为新手，中文界面更适合我们快速上手，下面简单介绍一下常用的操作界面。

Stable Diffusion 模型：在这里可以选择不同的模型，帮助我们直接把握图片风格，如动漫风格、真实摄影、CG 渲染效果和卡通风格等。我们也可以在网上下载模型，如果在网上找到安装包，下载好后放在安装包的 modles\stable-diffusion 文件夹中，刷新页面后即可使用。

VAE 模型：可以理解为滤镜。如果不使用 VAE 模型，生成的图片色调可能偏灰、偏暗，使用 VAE 模型后，可以让图片色彩更为丰富饱满。

CLIP 终止层数：语言与图像的对比预训练。简单来说就是帮助 AI 了解图片与文字之间的关系，数值越大，AI 的想法就越多，所以一般来说设置为 2 是比较稳定的数值。

文生图：通过文字内容生成对应的图像。Stable Diffusion 中有两个提示词框，即 Prompt 和 Negative prompt（正面提示词和负面提示词），正面提示词是希望在画面中出现的元素，负面提示词是不希望在画面中出现的元素。关于 Negative prompt，在下一页会附上一个通用模板，如果不知道怎么写，可以参考一下。需要注意的是，哪怕使用中文版界面，提示词也需要用英文撰写。

图生图：顾名思义，就是为 AI 提供参考图片，并生成一张新的图片。在图生图板块，除了提供图片，也需要和文生图一样，写上正面提示词和负面提示词。除了生成图片，也可以将喜欢的图片上传到这里，由 AI 反推提示词。

后期处理：对已经生成的图片进行简单的修改。

Midjourney

Stable diffusion

文心一格

Playground

Pebblely

Vega AI

SIX PEN Art

LUCIDPIC

PNG 图片信息：如果同样是 Stable Diffusion 生成的图片，并且没有被作者抹去相关信息的话，将图片上传到这里，就能看到相关提示词和生成参数。

WD1.4 标签器：最常用的功能就是通过图片反推正面提示词。

迭代步数（Steps）：模型生成图像的迭代步数，一般来说设置为 20 ～ 40 的效果是比较稳定和美观的。数值超过 40 之后，图像效果的提升空间不大，并且生成图像的时间会变长。

采样方法（Sampler）：图片去除噪点和杂色的过程。采样方法有很多种，一般来说常用的是 Euler a，它的出图速度快且效果好。还有 DPM++2M Karras，采样速度慢，但在分辨率不高的情况下，它的细节也能处理得很好。除了这些，建议使用后缀带有"++"的采样器。

提示词引导系数（CFG Scale）：顾名思义，即 Stable Diffusion 对提示词的"听话"程度，一般来说设置为 7，不超过 9，大于这个数值后，图像效果会适得其反。

以上就是界面中一些常用参数的介绍，没有看懂也没关系，在后面实际案例的操作中，我们会给出一些使用方式，大家可以慢慢去感受并消化。

负面提示词通用模板:

Negative prompt（负面提示词）:

NSFW, (worst quality:2), (low quality:2), (normal quality:2), lowres, normal quality,((monochrome)), ((grayscale)), skin spots, acnes, skin blemishes, age spot, (ugly:1.331).(duplicate:1.331), (morbid:1.21), (mutilated:1.21), (tranny:1.331), mutated hands, (poorly drawnhands:1.5), blurry, (bad anatomy:1.21), (bad proportions:1.331), extra limbs, (disfigured:1.331),(missing arms:1.331), (extra legs:1.331), (fused fingers:1.61051), (too many fingers:1.61051).(unclear eyes:1.331), missing fingers, extra digit,bad hands, ((extra arms and legs))

NSFW, （最差质量: 2）, （低质量: 2）, （正常质量: 2）低分辨率, 正常质量, （（单色））, （（灰度））, 皮肤斑点, 痤疮, 皮肤瑕疵, 老年斑, （丑陋: 1.331）,（重复: 1.331）, （病态: 1.21）, （残缺: 1.21）, （变性: 1.331）突变的手, （画得不好的手: 1.5）模糊, （解剖结构不好: 1.21）, （比例不好: 1.331）额外的四肢, （毁容: 1.331）, （缺少手臂: 1.331）, （额外的腿: 1.331）, （融合的手指: 1.61051）, （手指太多: 1.61051）(眼睛不清楚: 1.331）, 缺指, 多指, 坏手, （（多胳膊和腿））

注：NSFW（Not Safe For Work，工作场所不宜）

三、文心一格

（一）软件介绍

文心一格（Wonder）是百度集团旗下的一款人工智能产品，是基于文心大模型能力的 AI 艺术和创意辅助平台。

通俗来讲，文心一格是一款文字转图片的产品，我们只需在指定位置输入自己的创意（即对将生成图片的文字进行描述），然后选择作画的风格（国风、油画、水彩、水粉、动漫、写实等），文心一格根据数据模型可以快速生成一幅或多幅不同风格、独一无二的创意画作。文心一格是许多专业和非专业的艺术创作者寻找灵感和创意的 AI 绘画平台。

文心一格作为目前国内 AI 绘画的重要平台之一，在对中文及中国文化理解和生成上具有独特优势，对中文用户的语义理解得更到位，适合在中文环境下使用。

（二）界面介绍

1. 推荐模式

（1）创意文字：在方框内输入关键词，来描绘自己想要生成什么样的图片，输入的关键词可以是词语，也可以是完整的句子。字符总数不超过 200 字。

（2）画面类型：选择自己想要的图片风格，目前有艺术创想、唯美二次元、中国风、概念插画、明亮插画、梵高、超现实主义、插画、像素艺术、炫彩插画等风格。另外，当不知道自己具体想要的风格时，可以使用"智能推荐"让 AI 推荐适配的风格。

（3）比例：提供竖图、方图、横图 3 种模式，可根据需要选择。例如，竖图适合手机壁纸，方图适合头像，横图适合电脑壁纸等。

（4）数量：根据需要，可选择一次性生成 1 ～ 9 张图片。

（5）灵感模式：打开灵感模式，即开启 AI 灵感改写，可以在很大程度上提升画作风格的多样性，在一次创作多张图时效果会更好。但需要注意的是，在 AI 灵感模式下可能会使生成的画作与原始关键词不一致。

2. 自定义模式

（1）创意文字：与推荐模式情况相同。

（2）选择 AI 画师：这一步相当于在推荐模式中选择画面类型。"AI 画师"各有所长，不同画师擅长的画风、可设置的参数各有差异。目前有创艺（发挥艺术创想）、二次元（擅长动漫人物）、意象（擅长梦幻场景）和具象（擅长精细刻画）等类型。

（3）上传参考图（选填）：如果想要根据参考图生成新的画作，则可以上传小于 20MB 的 JPG 或 PNG 格式的图片。

（4）尺寸（单选）：有 1∶1（适用于头像）、16∶9（适用于电脑壁纸）、9∶16（适用于海报）、3∶2（适用于文章配图）、4∶3（适用于文章配图）5 种尺寸可供选择。另外，还可以选择图片大小，目前有 1024×1024、2048×2048 两种选择。

（5）数量：根据需要，可选择一次性生成 1～9 张图片。

（6）其他（选填）：有画面风格、修饰词、艺术家、不希望出现的内容共 4 栏选填项，可以根据需要进行补充。

四、Playground AI

（一）软件介绍

Playground AI 是一款非常简单易用、适合零基础用户使用的 AI 绘画工具。用户每天可以免费生成 1000 张图，通过简单的页面操作就可以轻松生成贴合提示词的高质量作品。

（二）界面介绍

Model（模型）：目前 Playground AI 支持 Playground v1、Stable Diffusion 1.5、Stable Diffusion 2.1、Stable Diffusion XL 和 DALL·E 2 共 5 种模型。

Filter（滤镜）：滤镜是整张图的风格基调，目前提供了 Vibrant Glass（充满活力的玻璃）、Bella's Dreamy Stickers（贝拉的梦幻贴纸）等多种滤镜，在选择界面有缩略图可参考，便于用户选择。也可以默认设置为 None（不要滤镜）。

Prompt（提示词）：可以用词语或句子形容。

Exclude From Image（想要去掉的提示词）：不想出现在图中的元素，选择 Custom（自定义）时，即可在下方方框中输入词语，如 Deformed（变形的）、Blurry（模糊的），或是比较具体的内容，如 People（人）、Too dim light（光线太暗）等。

Image Dimensions（图片大小）：根据实际情况选择所需的图片大小，界面提供了多个选择。

Prompt Guidance（提示词引导强度）：数值越大，生成的图片越接近于所写的提示词。数值区间为 0 ～ 30，但并非设置得越大越好，一般默认设置为 7 即可。

Quality&Details（质量和细节）：数值越大，生成图片的细节越多，一般默认设置为 50 即可。

Number of Images（图片生成数量）：可根据需要选择一次性生成多少张图片，一般选择生成 1 ～ 4 张。

Image to Image（图生图）：可以选择直接上传图片，上传成功后调整 Image strength（相似度）。数值越高，原图的引导性就越强，但一般默认设置为 30 即可。

Midjourney

Stable diffusion

文心一格

Playground

Pebbley

Vega AI

SIX PEN Art

LUCIDPIC

五、Pebblely

（一）软件介绍

    Pebblely 是一款基于 AI 的电商产品海报图片生成工具。它利用人工智能技术，可以快速为任何产品生成漂亮的宣传样式图片，同时它能理解不同产品的外观，捕捉并呈现产品的视觉特征和独特之处，帮助用户展现产品的魅力，堪称产品海报制作的好帮手。

（二）界面介绍

    Upload a photo of your product（上传一张产品图）：Pebblely 可以自动删除所上传图片中的背景，可直接拖放或单击相应图标上传图片。

    Refine background（细化背景）：自动删除背景后，如果需要调整细节，可以单击 Refine background 进行手动调整。满意后，单击 Save asset（保存设置）进入下一个界面。

    Themes（主题）和 Custom（自定义）：选择免费的 Themes 模式，每个用户每个月可以生成 40 张图片。如果有需要，可以尝试体验功能更多一点的 Custom 模式。

    Pebblely 提供了 Gifts（礼物）、Silk（丝绸）、Flowers（花朵）以及 Beach（沙滩）等多种主题背景，根据需要选择即可。此外，如果没有特定想要的背景，可以单击 Surprise me（使我惊喜），以便根据产品实际情况搭配出更适合的背景。

六、Vega AI

（一）软件介绍

Vega AI 是国内初创公司右脑科技推出的 AI 绘画创作平台，是一款免费的在线 AI 绘画工具，支持训练 AI 绘画模型、文生图、图生图、条件生图、姿势生图等多种创作模式。界面简洁，操作简单。

（二）界面介绍

因为是国产软件，所以操作界面是中文，各个板块功能一目了然。下面简单介绍一下 Vega AI 右侧的工作区。

基础模型：跟 Stable Diffusion 一样，这里的模型可以确定整张图片的直观效果，如真实影像、二次元和虚拟建模等。

风格选择：能够直接把握出图风格，如赛博朋克、城市扁平、微缩等风格。除了选择单一风格外，Vega AI 还能进行风格强度调整以及风格叠加。

高级设置：可以对图片内容进一步把控，具体使用方法可以参考 Stable Diffusion。

七、6pen Art

（一）软件介绍

6pen Art 是国内面包多团队研发的一款 AI 绘画软件。该软件支持中英文模式，输入简单的关键词就能得到不错的图片。使用该软件，用户可以自由调配模型、参考图、分辨率、艺术家等，以达到更好的出图效果。

（二）界面介绍

6pen Art 的操作界面十分简单，为了帮助创作，下面介绍它与其他 AI 绘画软件的不同之处。

禅思模式：位于画面描述框下方，能够自动优化文本描述，以便得到更好的效果图。

模型选择："南瓜"是小模型，出图快，并且图片完全授权给创作者；"西瓜"是大模型，画面清晰，细节丰富，适合对图片内容有成熟想法的创作者；"甜瓜"是二次元模型，出图效果偏向动漫风格。除此之外，也可以使用 Stable Diffusion 模型或者挂载其他模型。

参考图：上传参考图作为初始图，并在此基础上结合文字内容进行创作，最终会结合参考图和描述文本生成图片。

八、Lucidpic

（一）软件介绍

Lucidpic 是一个虚拟人物图片生成器，可用于网站、社交媒体、电子学习和广告等方面。用户通过调整风格、姿势、穿着、年龄、表情等参数，可以一键生成全新的人物照片，十分快捷便利。

（二）界面介绍

Style（风格）：选择图片的整体风格，目前有 Standard（标准）、Cinematic（电影般的）、Insta（ins 风）、Black and White（黑白）等 7 种选项。

Pose（姿势）：目前有 38 种不同的人物姿势可供选择。还可以上传参考图，并选择是参考图片中人物的 Pose 还是 Outline（轮廓）。

Sex（性别）：选择 Female（女性）或 Male（男性）。

Age（年龄）：左右拉动滑块进行选择，往左是 Younger（更年轻），往右是 Older（更年长）。

Expression（表情）：刻画人物呈现的表情，有 Happy（开心的）、Sad（难过的）、Angry（生气的）、Serious（严肃的）、Surprised（惊讶的）5 种情绪。

Hair Color（发色）：有 Black（黑色的）、Blonde（金色的）、Brown（棕色的）等 5 种发色。

Hair Length（头发长度）：有 Short（短的）、Medium（中等）和 Long（长的）3 种长度。

Clothing（穿着）：选择人物的服饰，有 Casual（休闲的）、Formal（正式的）等 5 种穿着。

Place（地点）：选择人物所在的场景，Lucidpic 提供了 Studio（工作室）、Home（家）、Forest（森林）等多种场景，地点和穿着可以相互参考进行设置，以便生成的图片更加符合需要。

Custom Prompt（自定义提示）：付费用户可以添加自定义关键词来更改图像，如输入 Sunset（日落）或 Lighting（灯光）等。

第 **2** 章 头像

学习内容

第 1 例

动画头像

采用垫图的方式，以自己为原型，可以在不同的社交软件中呈现出不同的头像风格。

软件及版本：Midjourney V5.2

垫图教程：准备一张清晰的肖像照，我们将以这张照片为底板，定制富有个性化的头像。

操作步骤：

①双击对话框左侧的加号，提交一张清晰的肖像照，以供 AI 绘画软件参考。

②在图片上右击，在弹出的快捷菜单中选择"复制链接"的命令，这里需要注意的是，选择"复制链接"，而不是"复制消息链接"。

③在正式使用垫图时，先在对话框输入"/imagine"，出现"prompt"后，在框内粘贴图片链接，空两格后输入关键词。 ➝

以微信头像为例，制作一个带有梦工厂动画风格的头像。

软件以及版本：Midjourney V5.2

设置界面：

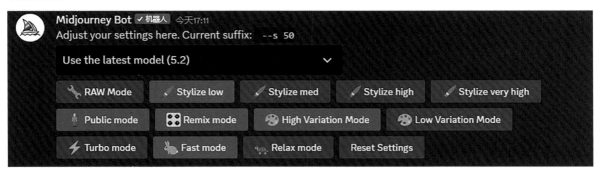

关键词	◎ Young girl 年轻女孩　◎ Simple avatar 简单头像　◎ Portrait 肖像 ◎ 3D rendering 三维渲染　◎ Dreamworks studios style 梦工厂动画风格

可替换关键词：可将 Dreamworks studios style（梦工厂动画风格）替换为表格中喜欢的风格

迪士尼	皮克斯	蒸汽朋克
Disney	Pixar	Steampunk

例 替换成 Steampunk（蒸汽朋克）风格

作者心得

（1）在作图时，如果感觉画出来的效果不像自己，可以在关键词最后输入"空格 --iw 空格 + 数值（0.5 ～ 2）"，数值代表垫图和 AI 作图的相似度权重，在 0.5 ～ 2 这个区间内，数值越小，相似度越低；数值越接近 2，相似度越高。

（2）AI 出图可能会改变原图人物的性别，所以在输入关键词时，应注意标明性别，如添加 young boy、young girl、man、woman 等词语。

（3）由于 AI 绘画的工作原理，每次的出图效果都是不一样的，可以多出几次，得到自己最喜欢的效果后，再选择其中的一张输出为单独大图。

Midjourney

S Stable diffusion

文心一格

Playground

Pebblely

Vega AI

SIX PEN Art

LUCIDPIC

第 2 例

想象力头像

软件及版本：Midjourney V5.2

设置界面：

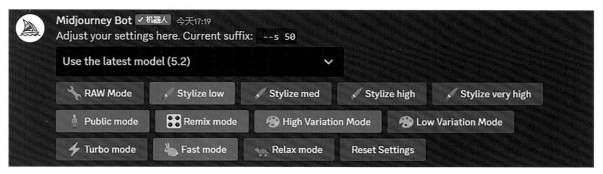

| 关键词 | ◎ A silver robot 一个银色的机器人　◎ Rowed a boat in a park 在一个公园里面划船 ◎ Real photography 真实摄影　◎ 1980s　20 世纪 80 年代 |

可替换关键词： 可将短语中的形象、地点以及年代进行更换，如形象的关键词短语

机械龙虾	外星人	棕熊
Mechanical lobster	Alien	Brown bear

例 替换成 Brown bear（棕熊）跳街舞

作者心得

（1）AI 出图一般为 4 张，图像下方的 U1 ～ U4 代表了图像序号，在选择好自己喜欢的效果后，
可以单击相应序号，以保存自己喜欢的高清大图。

（2）如果没有自己想要的效果，可以添加相应的形容词，反复尝试，直到得到自己喜欢的图片。

第 3 例

人物头像

软件及版本：Lucidpic

设置界面：

Style（风格）：Insta（ins 风）

Sex（性别）：Female（女性）

Expression（表情）：Surprised（惊讶的）

Hair Length（头发长度）：Medium（中等）

Place（地点）：Library（图书馆）

Pose（姿势）：Pose #50

Age（年龄）：Younger（40 岁左右）

Hair Color（发色）：Brown（棕色的）

Clothing（穿着）：Casual（休闲的）

可替换关键词：可将设置界面替换为表格中喜欢的风格

风格 1	风格 2	风格 3
Style：Insta（ins 风）	**Style**：Standard（标准）	**Style**：Cinematic（电影般的）
Pose：Pose #39	**Pose**：Pose #51	**Pose**：Pose #71
Sex：Female（女性）	**Sex**：Male（男性）	**Sex**：Female（女性）
Age：Younger（40 岁左右）	**Age**：Younger（20 岁左右）	**Age**：Older（60 岁左右）
Expression：Happy（开心的）	**Expression**：Serious（严肃的）	**Expression**：Sad（难过的）
Hair Color：Brown（棕色的）	**Hair Color**：Black（黑色的）	**Hair Color**：Blonde（金色的）
Hair Length：Long（长的）	**Hair Length**：Short（短的）	**Hair Length**：Medium（中等）
Clothing：Casual（休闲的）	**Clothing**：Sporty（运动的）	**Clothing**：Formal（正式的）
Place：City（城市）	**Place**：Beach（沙滩）	**Place**：Office（办公室）

例 替换成风格 1

作者心得

（1）在设置 Age 时，由于不是直接填数值，我们只能拉动数值条猜测大概年龄。如果想要生成的人物头像更年轻一点，可以在心理预期的基础上，再往左拉一点。因为根据实践来看，Lucidpic 生成人物的形象要比实际年龄大一些。

（2）关于人物所在 Place（地点）的选择，Lucidpic 提供了多个选项，如 Park（公园）、School（学校）、Museum（博物馆）、Forest（森林）等 24 种场景，根据实际需求选用即可。

（3）Lucidpic 生成的图片尺寸是默认的，实际用作头像时，根据需要裁剪即可。

第 4 例

卡通头像

软件及版本：Stable Diffusion

设置界面：

关键词	正面提示词： ◎ Fox 狐狸 ◎ Fluffy hair 蓬松的毛发 ◎ On the lawn 在草坪上 ◎ Cute 可爱的 ◎ Sleeping 睡觉的 ◎ Flowers around 周围有花 ◎ White butterfly 白蝴蝶 ◎ Resting on the nose of the fox 在狐狸的鼻子上休息 ◎ Center composition 中心构图 ◎ No one 没有人 ◎ Hand-painted style 手绘风格 ◎ Cartoon 卡通 ◎ Miyazaki style 宫崎骏风格 ◎ 4K 4K画质 ◎ High quality 高画质 ◎ Wide format 宽幅 ◎ Whole body 全身 ◎ Close-up 特写 ◎ Normal proportion 正常比例 负面提示词： （详见第4页负面提示词通用模板）

可替换关键词： 可将 Fox（狐狸）替换为其他喜欢的动物

松鼠	浣熊	老虎
Squirrel	Raccoon	Tiger

例 替换成 Squirrel（松鼠）

作者心得

（1）在绘画时，图片内容会受到画幅长宽的影响，如果在图片比例为竖幅的情况下画一只狐狸的话，很容易出现长脖子狐狸的情况，这时可以通过丰富画面内容和添加负面提示词来规避。

（2）在这里作者发现 Stable Diffusion 的负面提示词体量比较大，绘画中会尽可能用第 4 页出现的负面提示词通用模板，如有增减会在作者心得版块说明，就不在文章中重复提及负面提示词了。

（3）Stable Diffusion 出图还受一些模型影响，在这里虽然作者使用了 Miyazaki style（宫崎骏风格）的关键词，但出图效果依然存在迪士尼、皮克斯的风格，就是使用了相关模型的原因，在实际绘画中，我们也可以去相关网站寻找心仪的模型来达到更好的效果。

案例赏析

二次元头像

软件及版本：Stable Diffusion

设置界面：

关键词	正面提示词：◎ Young girls 年轻的女孩　◎ Portraits 肖像 ◎ Flowers 鲜花　◎ Butterflies 蝴蝶　◎ White dress 白色裙子 负面提示词：（详见第 4 页负面提示词通用模板）

可替换关键词：可将 Flowers（鲜花）、Butterflies（蝴蝶）替换为其他喜欢的背景

鱼群	云朵	雪花
School of fish	Cloud	Snowflake

例 替换成 School of fish（鱼群）背景

作者心得

（1）这次我们运用了 Stable Diffusion 的图生图功能，为了体现二次元，采用了偏向二次元的模型。读者可运用相同的办法，生成很多不同类型的头像图，如油画的、迪士尼的、卡通的。

（2）如果感觉生成的人物不像自己，可以在设置面板中调整重绘幅度，参数越大，图片改动越大；参数越小，相似度越高，但是参数过小也可能导致出图效果不美观，这点可以根据实际效果多尝试。

Midjourney

Stable diffusion

文心一格

Playground

Pebblely

Vega AI

SIX PEN Art

LUCIDDIC

第 6 例

宠物头像

软件及版本：Midjourney Niji 5

设置界面：

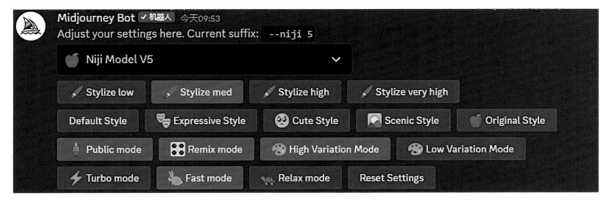

关键词	◎ A Ginger cat 一只橘猫 ◎ Well-groomed and graceful 仪表堂堂 ◎ Laying on the sofa 躺在沙发上 ◎ Chibi Q 版 ◎ Studio Ghibli style 吉卜力工作室风格 ◎ Hyper quality 高品质

可替换关键词: 可将 Studio Ghibli style（吉卜力工作室风格）替换为表格中喜欢的风格

蒸汽朋克	皮克斯	乔恩·克拉森
Steampunk	Pixar	Jon Klassen

例 替换成 Jon Klassen（乔恩·克拉森）风格

作者心得

（1）如果想使用自己的宠物作为头像，可以选择一张照片进行垫图，再选择一个喜欢的风格绘画即可。

（2）可以将 Well-groomed and graceful（仪表堂堂）替换为 Fluffy and cute（蓬松可爱），或者其他形容宠物的词语。

案例赏析

第 3 章 壁纸

学习内容

第 7 例

电脑壁纸

软件以及版本：Midjourney V5.2

设置界面：

关键词	◎ Wallpaper 壁纸　◎ Desert 沙漠　◎ Red dress girl 红裙子女孩
	◎ Fluttering long skirt 飘扬的长裙　◎ Fluffy hair 蓬松的头发
	◎ Photography 摄影　◎ --ar 16:9 画面比例 16:9

可替换关键词：可在短语中添加对视角的描写

脸部特写	电影镜头	超长镜头（人在远方）
Face shot	Cinematic shot	Extra long shot (ELS)

例 替换成 Face shot（脸部特写）的美女电脑壁纸

作者心得

（1）除了可以生成全身像的壁纸，我们也可以对指定部位做出要求，如 Extra Long Shot(ELS)（超长镜头）、bokeh（背景虚化）、Detail Shot(ECU)（细节镜头）等。

（2）有时 AI 对命令的呈现效果不够理想，则可以多添加需要呈现细节的短语，如对视角进行描写的短语、对面部要求进行描写的短语等。

Midjourney
S Stable diffusion
文心一格
Playground
Pebblely
Vega AI
SIX PEN Art
LUCIDPIC

第 8 例

自然风景壁纸

软件及版本：Playground AI

设置界面：

Model（模型）：Stable Diffusion XL　　　　　Filter（滤镜）：Ultra Lighting

Prompt（提示词）：Mountain top（山顶），Clouds and mist swirled around（云雾缭绕），Sunrise（日出），Hazy（朦胧的），Fresh（清新的），Mysterious（神秘的）

Exclude From Image（想要去掉的提示词）：None　　Image Dimensions（图片大小）：512×768（比例为 2:3）

Prompt Guidance（提示词引导强度）：一般默认为 7　　Quality&Details（质量和细节）：一般默认为 50

Number of Images（图片生成数量）：4　　　　　　（其他未提及的部分保持默认即可）

可替换关键词：可将 Sunrise（日出）替换为表格中喜欢的内容

下雨	日落	枫叶
Raining	Sunset	Maple leaf

例 替换成 Maple leaf（枫叶）

作者心得

（1）Quality & Details 的数值越大，图片细节越多，但生成图片的速度就越慢，所以一般默认设
置为 50 即可。

（2）自然风景壁纸的种类有很多，可以根据自己的设想，随意更换滤镜和提示词（关键词）。
比如选择 Snowy mountain（雪山）作为主体，添加 Towering（高耸的）、Spectacular（壮观的）、
Snow-white（雪白的）等形容词，再添加想要在图中出现的元素，如 Saussurea（雪莲花）、
A frozen lake（冰封的湖）等。

第 9 例

人文风景壁纸

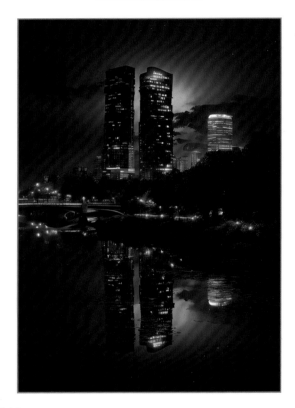

软件及版本：Playground AI

设置界面：

Model（模型）：Stable Diffusion XL　　　　　　　　　**Filter（滤镜）**：None（无）

Prompt（提示词）：Night view of a modern city, near the river.（一座现代城市的夜景，靠近江边。）The reflection of the building swayed gently in the river.（建筑的倒影在江水中轻轻摇晃。）The overall atmosphere is lively, mysterious and lovely.（整体氛围是热闹的、神秘的、美好的。）8K photography.（8K 摄影。）

Exclude From Image（想要去掉的提示词）：Two architectural styles（两种建筑风格），Blurred（模糊不清的），Low-res（低分辨率）

Image Dimensions（图片大小）：512 × 768（比例为 2:3）　　**Prompt Guidance（提示词引导强度）**：一般默认为 7

Quality&Details（质量和细节）：一般默认为 50　　　　**Number of Images（图片生成数量）**：4

　（其他未提及的部分保持默认即可）

可替换关键词： 可将 modern city（现代城市）替换为表格中喜欢的内容

中国古代城市	中国乡村	跨江大桥
An ancient Chinese city	Countryside in China	Cross-river bridge

例 替换成 Cross-river bridge（跨江大桥）

作者心得

（1）在生成人文类的风景壁纸时，建筑的细节很容易被扭曲，为了尽量避免这种情况，可以在提示词中添加 High details（高细节）、Insane details（疯狂细节）等，也可以在 Exclude From Image（想要去掉的提示词）中添加 Twisted lines（扭曲的线条）、Unreasonable matching（不合理的搭配）等。

（2）人文类的风景壁纸场景十分丰富，除了上述与江河、建筑、桥梁相关的内容，还可以整体替换内容。如将场景设置为 A magnificent Disney castle surrounded by blooming fireworks（一座壮观的迪士尼城堡，四周有绽放的烟花）。

（3）Prompt（提示词）可以是一个单词，也可以是一个完整的句子。在这一例中作者使用了完整的句子来描述，在具体操作中，也可以交叉使用。

案例赏析

第 10 例

动漫壁纸

软件及版本：Midjourney Niji 5

设置界面：

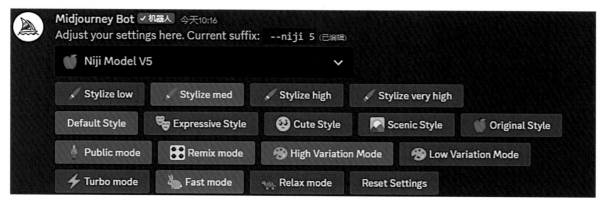

Midjourney

S Stable diffusion

文心一格

Playground

Pebblely

Vega AI

SIX PEN Art

LUCIDDIC

关键词	◎ A wallpaper 一张壁纸　◎ Young girl's back 年轻女孩的背影 ◎ Running in the wind 在风中奔跑　◎ Strolling on the Cloud 在云端漫步 ◎ Romantic comics 浪漫漫画　◎ Anime style 动漫风格 ◎ Vibrant scenes 充满活力的景象　◎ Full screen 全屏 ◎ --ar 9:16 画面比例 9:16

可替换关键词：可将 Anime style（动漫风格）替换为表格中喜欢的风格

童话插画风格	浮世绘	乡村风格
Fairy tale illustration style	The Ukiyo-e	Country style

例　替换成 Country style（乡村风格）

作者心得

（1）可以根据需要更改图片比例。手机壁纸的比例一般是 9:16，电脑壁纸的比例一般是 16:10 或者 4:3。

（2）多尝试不同的关键词，才能生成自己想要的风格。比如可以把关键词 Strolling on the cloud（在云端漫步）替换成 Strolling in the milky way（在银河漫步）。

第 11 例

动物壁纸

软件及版本：Stable Diffusion

设置界面：

关键词	**正面提示词：** ◎ A sparrow 一只麻雀 ◎ Solo 单独的 ◎ Epic scene 史诗般的场景 ◎ Motion camera 运动镜头 ◎ Morning light 晨光 ◎ (Close up :1.2) （特写：1.2） ◎ High quality photography 高质量摄影 ◎ 3 point lighting 3 点照明 ◎ 8K 8K 画质 ◎ Canon camera 佳能相机 ◎ HD 高清 ◎ Smooth 光滑的 ◎ Sharp focus 锋利的焦点 ◎ High resolution 高分辨率 **负面提示词：** （详见第 4 页负面提示词通用模板）

可替换关键词： 可将 sparrow（麻雀）替换为其他喜欢的动物

大象	狮子	长颈鹿
elephant	lion	giraffe

例 替换成 elephants（大象）

作者心得

（1）在这次的关键词短语中增加了一个新的形式"（Close up :1.2）"，这里的括号和数值分别代表什么意思呢？括号代表增加这个词语的权重，括号越多，在绘画时，AI 就会更注意括号内词义出现的分量。一个圆括号默认权重为 1.1，如果在括号内加上冒号和数值，表示设置权重，如这里的"（Close up :1.2）"就是特写权重 1.2 倍。

（2）除了圆括号，还能使用方括号"[ ]"代表减少权重，"{ }"也代表增加权重，只是程度比圆括号小。

第 12 例

油画风壁纸

软件及版本：Stable Diffusion

设置界面：

Midjourney

S Stable diffusion

文心一格

Playground

Pebblely

Vega AI

SIX PEN Art

LUCIDPIC

关键词	**正面提示词：** ◎ Monet 莫奈　　◎ Landscape 山水　　◎ Lake 湖泊 ◎ Lawn 草坪　　◎ Blue sky 蓝天　　◎ White clouds 白云 ◎ <lora:Monet:1> 增加莫奈画风权重 **负面提示词：** （详见第 4 页负面提示词通用模板）

可替换关键词：可将 Monet(莫奈) 替换为其他画家

康斯特布尔	透纳	伦勃朗
Constable	Turner	Rembrandt

例 替换成 Constable（康斯特布尔）

作者心得

（1）在这次的关键词短语中增加了一个新的短句"<lora:Monet:1>"，这里的关键是 lora（即 LoRA），可以将 LoRA 理解为一个较小的模型，能够帮助我们给图片的画风、内容等增减细节，不同的 LoRA 有不同的作用，可以根据效果下载相应的 LoRA 模型。

（2）为了更好地体现油画效果，在这里使用了油画模型。在实际应用中，通过更改模型调整画风，也可以产生有趣的效果。

第 13 例

中国风壁纸

软件及版本：Midjourney V5.2

设置界面：

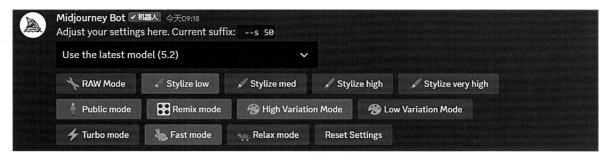

关键词	◎ Wind and snow weather 风雪天气 ◎ On the river 在河面上 ◎ A small boat 小船 ◎ Old man 老人 ◎ Fishing 钓鱼 ◎ Simple 简单 ◎ Chinese style 中国风 ◎ Ink painting 水墨画 ◎ Flat illustration 平面插图 ◎ --ar 16:9 画面比例 16:9

可替换关键词：可将 Wind and snow weather（风雪天气）替换成想要的其他季节或天气

春天	秋天	暴风雨
Spring	Autumn	Storms

例 替换成 Spring（春天）

作者心得

（1）中国风壁纸和水墨画在 Midjourney 中比较难以把握，软件会突出立体感，这时如果添加 Flat illustration （平面插图）就会好很多。

（2）在使用水墨画素材时，我们不妨将一些古诗翻译成白话，再尝试用 Midjourney 来生成图片，也许会产生一些意想不到的效果。

第 4 章 美图

学习内容 ▼

第 14 例

美食图

软件及版本：Stable Diffusion

设置界面：

关键词	正面提示词：◎ Masterpiece 杰作　◎ High quality 高质量 ◎ Best quality 最好的质量　◎ Fried chicken legs 炸鸡腿　◎ Coke 可乐 ◎ Food photos 食物照片　◎ <lora:foodphoto:0.6> 食物照片权重 0.6 负面提示词：（详见第 4 页负面提示词通用模板）

可替换关键词：可将 Fried chicken legs （炸鸡腿）替换为其他喜欢的食物

意大利面	蛋糕	牛排
Pasta	Cake	Steak

例 替换成 Pasta（意大利面）

作者心得

（1）在这个案例中，图片数量与在 Midjourney 中绘制的图片数量一样，也是 4 张，这是因为调整了设置页面中的单批数量。在设置页面中，除了能够调整画面的宽高比，还能调整每次出图的张数。

（2）在例子中，作者将出图宽高比由 1920 像素 ×900 像素改为 512 像素 ×512 像素，将数量从每次出图 1 张，设置为每次出图 4 张。

第 15 例

风景图

软件及版本： 文心一格

设置界面：

关键词： 创意构图晚霞，平静的湖水，微风吹过芦苇，水彩质感

画面类型： 明亮插画   **比例：** 横图   **数量：** 1

可替换关键词： 可将关键词及设置参数根据个人实际需要进行调整

风格 1	风格 2	风格 3
关键词： 创意构图晚霞，平静的湖水，微风吹过芦苇，水彩质感	**关键词：** 盛夏夜晚的海面，有海豚跃起，特写月亮，月光皎洁，清新舒适，静谧辽阔，创意构图，动漫风格	**关键词：** 冰天雪地的野外森林，飘雪，唯美浪漫，旷野宁静，CG 渲染，逼真，摄影
画面类型： 中国风	**画面类型：** AI 智能推荐	**画面类型：** 插画
比例： 方图	**比例：** 方图	**比例：** 横图
数量： 2	**数量：** 1	**数量：** 4

例 替换成风格 2

作者心得

（1）在选择画面类型时，如果暂时没有找到较为满意的风格，可以单击"AI 智能推荐"，让系统
推荐比较适合的画面类型。

（2）由于文心一格是中文软件，关键词描述使用的是中文，所以相较于使用英文关键词的 AI 绘
画软件，会更容易理解中文语言系统里的一些表达。

（3）以上内容是在"推荐模式"下完成的，我们还可以尝试"自定义模式"，这个模式相较于推荐
模式，其功能会更丰富一些，如可以上传参考图，列出不希望出现的内容，还可以根据需求选
择性能配置（中配或高配）。

意境图

在"鸡汤文"中，经常会看到一些意义不大，但是仿佛又意境深远的图片。今天我们就尝试用 AI 绘画来制作这种图片，如叠石平衡艺术。

软件及版本：Midjourney V5.2

设置界面：

关键词	◎ In the forest 森林里　 ◎ By the stream 溪流边 ◎ Smooth pebbles 光滑的鹅卵石 ◎ Stacked on top of each other 堆叠在一起　 ◎ Simple 简单的 ◎ Realistic photography 现实摄影

可替换关键词：可将 Realistic photography（现实摄影）替换为表格中喜欢的风格

水彩画	水墨画	数码绘画
Watercolor painting	Wash painting	Digital painting

例　替换成 Watercolor painting（水彩画）

作者心得

（1）AI 绘画要把握好次数，如果将一个素材反复调整，生成的图片可能会越来越"魔幻"，所以在绘画时，一定要把握每一次出图机会，并且要精准用词。

（2）出图以后，怎样才能让图片更贴合文章呢？这就需要我们在绘图完成后，灵活运用一些修图软件进行后期处理了。

Midjourney　S Stable diffusion　文心一格　Playground　Pebblely　Vega AI　SIX PEN Art　LUCIDDIC

第 17 例

装饰画

软件及版本：Vega AI

设置界面：

关键词	◎ 泼墨风　◎ 丘陵地貌山水　◎ 农田　◎ 绵延的小山　◎ 流淌而过的河流 ◎ 两三所村居

可替换关键词：可将流淌而过的河流替换为其他喜欢的词语

奔驰的骏马	桃花	夕阳
孤舟	桥梁	亭台楼阁

例　替换成"奔驰的骏马"

作者心得

（1）也许是因为选择的模型不同，这里的山水画并没有真正山水画的扁平效果，通过对细节词的描述，可以调整山水画的风格。

（2）如果觉得现有的模型效果不尽如人意，也可以选择自己训练一个符合需求的模型。

第 18 例

微距摄影

软件及版本：Midjourney V5.2

设置界面：

关键词	◎ A glass of lemonade with ice 一杯带冰块的柠檬水 ◎ Macro photography 微距摄影 ◎ Extreme closeup view 极端特写视角 ◎ High detaileye of lemon and ice 柠檬和冰块的高细节 ◎ The feeling of bubbles rising 气泡浮起的感觉 ◎ Fresh and cool 清新凉爽 ◎ 4K 4K 清晰度

可替换关键词：可将 A glass of lemonade with ice（一杯带冰块的柠檬水）替换为表格中喜欢的内容

青草上的露珠	水中的蓝莓	一粒细菌
The dew on the grass	Blueberries in the water	A grain of bacteria

例　替换成 A grain of bacteria（一粒细菌）

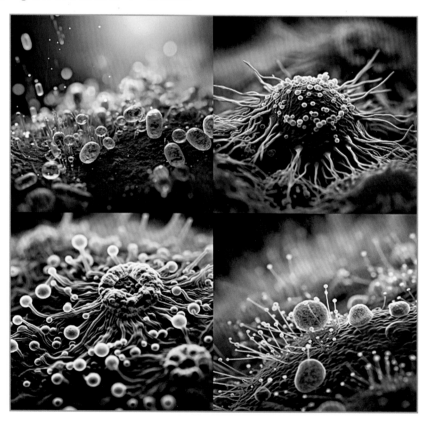

Midjourney · S Stable diffusion · 文心一格 · Playground · Pebblely · Vega AI · SIX PEN Art · LUCIDDIC

作者心得

（1）在替换主体关键词时，需要同时改变一些与主体相关的关键词。如将 A glass of lemonade with ice（一杯带冰块的柠檬水）替换为 Blueberries in the water（水中的蓝莓）时，需要同时将 High detaileye of lemon and ice（柠檬和冰块的高细节）修改为 High detaileye of blueberries（蓝莓的高细节）。

（2）微距摄影是一种摄影术语，通过镜头拍摄，得到比原实物大的影像，可以让人更清晰地看见肉眼无法看到的内容。

案例赏析

第 **5** 章 宣传设计

学习内容 ▼

一、PPT 封面设计

第 19 例

工作总结

软件及版本：Midjourney Niji 5

设置界面：

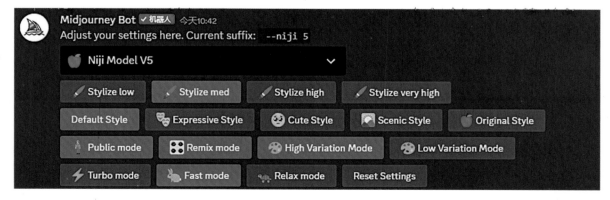

关键词	◎ One Page Powerpoint Cover 一页 ppt 封面 ◎ About Work Summary 关于工作总结　◎ Business Style 商务风 ◎ Minimalist 极简主义　◎ 8K Matte 8K 磨砂 ◎ --ar 16:9 画面比例 16:9

可替换关键词：可将 8K Matte（8K 磨砂）替换为表格中喜欢的风格

三维渲染	迷幻艺术	荷兰风格派
3D render	Psychedelic art	De Stijl

例 替换成 3D render（三维渲染）风格

作者心得

（1）如果不想色彩太过鲜艳，可以添加形容词 Minimalist（极简主义）、Monochrome（单色）等。

（2）如果不想画面中有人物形象出现，可以在关键词中添加 no humans（没有人）或者添加后缀 --no humans。

第 20 例

PPT 排版

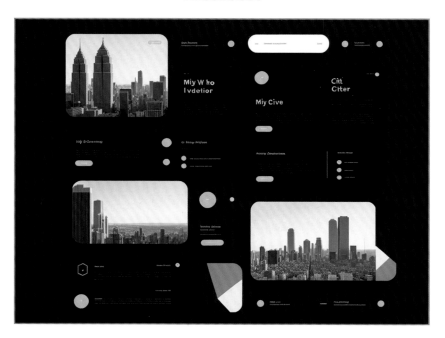

软件及版本：Stable Diffusion

设置界面：

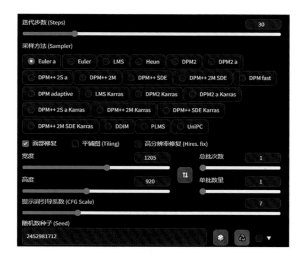

关键词	正面提示词： ◎ City 城市 ◎ Front projection 正面投影 ◎ Grey 灰色 ◎ Black 黑色 ◎ White 白色 ◎ Graphic design 平面设计 ◎ UI design UI 设计 ◎ Vector art 矢量艺术 ◎ Geometry 几何
	负面提示词： （详见第 4 页负面提示词通用模板）

可替换关键词：可将 City（城市）替换为表格中的词汇

桥梁	汽车	山峰
Bridge	Car	Mountain

例 替换成 Bridge（桥梁）

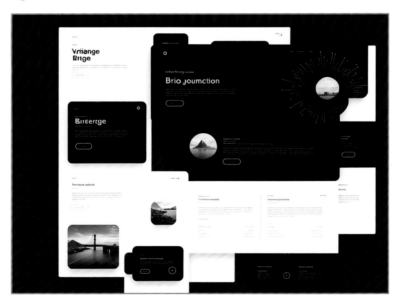

作者心得

（1）在这里投影效果并不强烈，如果需要加强投影效果，可以叠加括号，增加权重。

（2）本次绘画使用的是偏向现实的模型，不同的模型会有不同的效果，读者可以自行探索。

Midjourney
Stable diffusion
文心一格
Playground
Pebblely
Vega AI
SIX PEN Art
LUCIDDIC

二、活动设计

第 21 例

论坛主背景

软件及版本：Midjourney V5.2

设置界面：

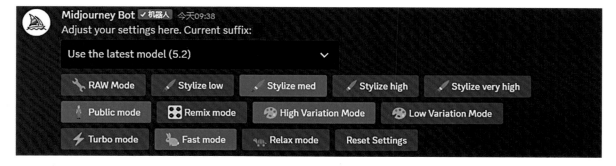

关键词	◎ Key Visuals 主视觉　◎ Forum Sessions 论坛会议　◎ Blue 蓝色 ◎ Simple City Background Outline 简单的城市背景轮廓 ◎ --ar 16:9 画面比例 16:9

可替换关键词: 为了丰富细节，也可以添加一些想要的细节类关键词

泼墨感	设计感线条	工业设计感
Splash ink sense	Design lines	Industrial design sense

例 增加细节 Splash ink sense（泼墨感）

作者心得

（1）在使用 Midjourney 时，会发现软件很难不生成"人"的元素，这时我们可以通过明确的物件指令来规避。

（2）在这个例子中，使用了蓝色作为背景色，在实际应用中，我们可以根据具体的风格来改变背景颜色。

第 22 例

庆典主背景

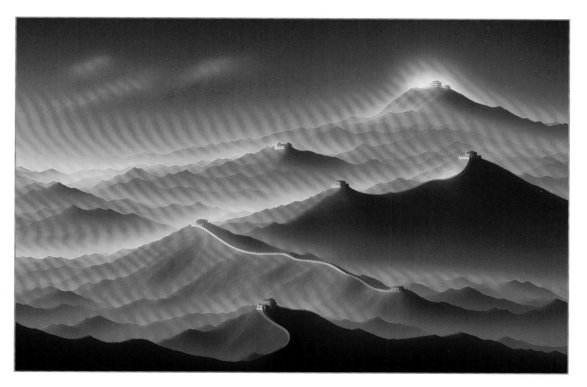

软件及版本：6pen Art

设置界面：

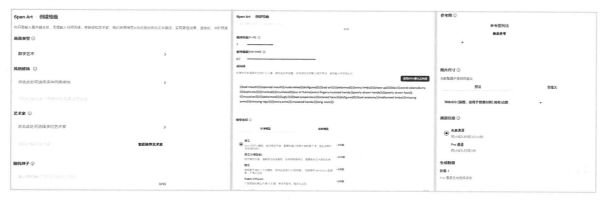

关键词	◎ 庆典主视觉　◎ 红色为主　◎ 带有金色长城投影　◎ 有祥云图案　◎ 平面设计 ◎ 扁平风格　◎ 简单的

可替换关键词：可将带有金色长城投影替换为其他需要的元素

云	城市投影	山峰
机器人侧影	巨大的手	奖杯

例 替换成有云的主背景图片

作者心得

（1）6pen Art 是国产的 AI 绘画软件，简单易上手，并且不需要自己反复调试负面提示词，比较智能化，使用禅思模式还可以智能化地补充绘画细节。

（2）本次示范的主背景只能作为参考，具体使用还需要添加相应的文字内容。

Midjourney

S Stable diffusion

文心一格

Playground

Pebblely

Vega AI

SIX PEN Art

LUCIDPIC

邀请函

软件及版本：Midjourney V5.2

设置界面：

关键词	◎ A pink wedding invitation with bow 带有蝴蝶结的粉色婚礼邀请函 ◎ With lace pattern 带蕾丝图案 ◎ Pure color 纯色 ◎ Light pink and silver 浅粉色和银色 ◎ Luminous quality 发光的质量 ◎ Vintage cut-and-paste 复古剪贴画

可替换关键词: 可将 A pink wedding invitation with bow（带有蝴蝶结的粉色婚礼邀请函）替换为
表格中喜欢的内容

带有蓝色和金色的会议邀请函	一个信封	宝宝百日宴邀请函
A blue and gold conference invitation	An envelope	Invitation to baby's 100th Day banquet

例 替换成 A blue and gold conference invitation（带有蓝色和金色的会议邀请函）

作者心得

（1）邀请函可以做成各种各样的形式，如在关键词中添加 cover hollowed out（封面镂空）、heart shaped hollow（心形镂空）、delicate flowers（精致的花朵）等。

（2）当制作活动邀请函、会议邀请函等应用于比较正式场合的邀请函时，可以添加关键词进行强调，如 applied in formal occasions（应用于正式场合）、official（正式的）、dressy（讲究的）等。

案例赏析

Midjourney

S Stable diffusion

文心一格

Playground

Pebbley

Vega AI

SIX PEN Art

LUCIDDIC

第 24 例

婚礼场景布置

软件及版本：Midjourney V5.2

设置界面：

关键词	◎ Wedding main stage effect 婚礼主舞台效果 ◎ In a banquet hall 在宴会厅内 ◎ With white flowers and light blue flowers 有白色和浅蓝色的花朵 ◎ Symmetrical 对称的 ◎ Romantic 浪漫的 ◎ Collocation Art 搭配艺术 ◎ Precise details 精确的细节 ◎ Ultra wide shot 超广角镜头 ◎ HD 高清 ◎ --ar 16:9 画面比例 16:9

可替换关键词：可将 In a banquet hall（在宴会厅内）替换为表格中喜欢的内容

在户外草坪	在教堂	在海边
On the outdoor lawn	In church	by the sea

例　替换成 On the outdoor lawn （在户外草坪）

作者心得

（1）上述可替换关键词也可以直接表述为婚礼类型，如 Lawn wedding（草坪婚礼）、Beach wedding（沙滩婚礼）等。

（2）目前 Midjourney V5.2 还无法很准确地理解和绘制传统中式婚礼图，需要在关键词中描述得更具体一些，如 mainly red（主要为红色）、red lanterns are hung on both sides of the aisle（过道两边挂着红色灯笼）、traditional Chinese elements（中国传统元素）等。

Midjourney

S Stable diffusion

文心一格

Playground

Pebblely

Vega AI

SIX PEN Art

LUCIDDIC

第 25 例

庆典布置

软件及版本：Midjourney V5.2

设置界面：

关键词	◎ 18th birthday party scene layout effect　18 岁生日派对场景布置效果 ◎ In the ballroom　在舞厅内　◎ Detail Shot　细节摄影 ◎ Pink and white balloons　粉色和白色的气球　◎ Fresh and lovely　清新迷人的 ◎ Perfect detail　完美的细节　◎ 8K photography　8K 摄影 ◎ --ar 16:9　画面比例 16:9

可替换关键词：可将 18th birthday party scene layout effect（18 岁生日派对场景布置效果）替换
为表格中喜欢的内容

儿童生日派对场景布置效果	圣诞节现场布置	小学毕业典礼现场布置效果
Children's birthday party scene layout effect	Christmas on-site decoration	primary school graduation ceremony scene layout effect

例 替换成 Christmas on-site decoration（圣诞节现场布置）

作者心得

（1）在变换场景时，配套的关键词也需要一起变化，如将 18th birthday party scene layout
effect（18 岁生日派对场景布置效果）替换成 primary school graduation ceremony scene
layout effect（小学毕业典礼现场布置效果）时，Pink and white balloons（粉色和白色的气球）
可以替换成 Balloons and cartoon dolls（气球和卡通玩偶），Fresh and lovely（清新迷人的）
可以替换成 Cute and playful（可爱童趣的）。

（2）场景可以根据需要进行变换，如将 In the ballroom（在舞厅内）替换成 By the entrance（在
入口处）、By the stairs（在楼梯旁）等。

第 **6** 章 广告设计

学习内容 ▾

一、logo 设计

第 26 例

logo 设计

软件及版本：Midjourney V5.2

设置界面：

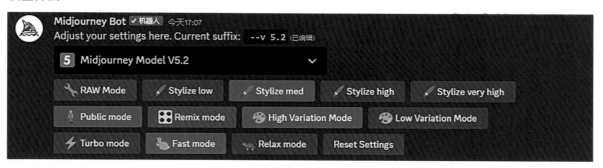

关键词	◎ A book logo 一本书的标志 ◎ Simple 简单 ◎ Vector 矢量 ◎ No shadow detail 没有阴影细节

可替换关键词：可以根据实际应用替换 logo 内容

伞	汽车	建筑
Umbrella	Car	Building

例 将主体替换成 Umbrella（伞）的 logo

作者心得

（1）为了体现 logo 设计极简的美感，使用了 Vector（矢量）这个单词，但不使用也能呈现不错的效果。

（2）如果觉得背景的白色无法体现 logo 的品牌调性，可以在短语中添加限定背景颜色和主题的单词。

Midjourney

S Stable diffusion

文心一格

Playground

Pebblely

Vega AI

SIX PEN Art

LUCIDDIC

第 27 例

logo 设计艺术化

软件及版本：Midjourney V5.2

设置界面：

关键词	◎ A book logo 一本书的标志 ◎ Simple 简单 ◎ Vector 矢量 ◎ No shadow detail 没有阴影细节 ◎ Pop art 波普艺术

可替换关键词：可将 rainbow（彩虹）替换成表格中喜欢的任意图像

云朵	树叶	鱼
cloud	leaf	fish

例 替换成可爱的 cloud（云朵）的应用图标

作者心得

（1）这个例子的重点在 App icon，只要把握这个重点，就能轻松设计出各种图标。

（2）在绘图时，还需要注意一点，即量词的使用，如果不加量词，很可能会生成一堆图标，且效果不佳。

Midjourney

S Stable diffusion

文心一格

Playground

Pebblely

Vega AI

SIX PEN Art

LUCIDDIC

二、矢量图形

第 30 例

生成设计元素

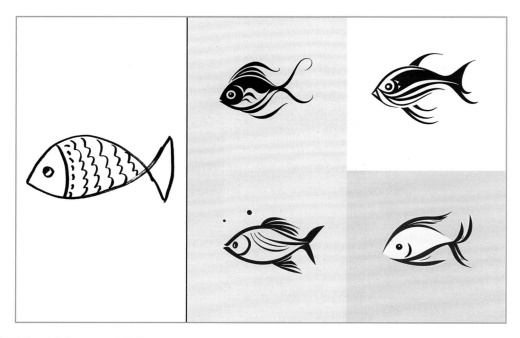

软件及版本：Midjourney V5.2

设置界面：

关键词	◎ A fish 一条鱼 ◎ Vector logo 矢量标志 ◎ Silhouette 轮廓 ◎ Clean background 干净的背景 ◎ Simple 简单 ◎ No shadow detail 没有阴影细节

可替换关键词：可将 fish（鱼）替换成表格中其他简笔画素材

跑步者	小猪	树叶
runner	pig	leaf

例 替换 runner（跑步者）

作者心得

（1）这个案例的重点内容其实是在垫图，将一个简陋的简笔画生成为可以供设计师使用的元素，读者可以配合本书附赠视频学习，效果更好。

（2）这里为了演示，作者仅使用简单的词语进行描述。在实际绘制时，可以根据效果增加关键词。

（3）除了生成设计元素，也可以让 AI 将火柴人变成真人效果。

图片元素混合

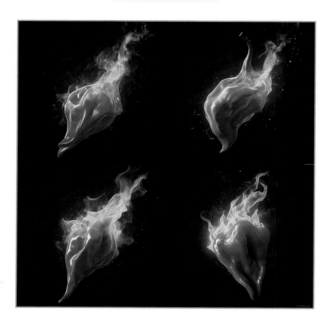

软件及版本：Midjourney V5.2

设置界面：

关键词	**火焰图片提示词：** ◎ Flames 火焰　　◎ Realistic details 逼真的细节 ◎ Fire particles 火粒子　◎ Exploding 爆炸 **辣椒图片提示词：** ◎ Chili 辣椒　◎ Red 红色 ◎ Ultra-realistic details 超逼真的细节　◎ Realistic photography 逼真的摄影

可替换关键词：可将 Flames（火焰）替换成其他元素

沙子颗粒	雪花	泡沫
Sand particles	Snowflakes	Foam

例 沙砾材质的字母"A"

作者心得

（1）在这个案例中，作者用了新的指令词 /blend（混合），它的作用是能够将多张图片的内容融合到一张图片中，从而增强视觉效果。

（2）/blend 目前能够添加 2 ～ 5 张图片，且与 prompts 的纯文本内容不兼容。

（3）融合的图片是已经保存到电脑中的图片，/blend 处理的图像的默认尺寸为 1:1，如需要改变尺寸，可以在图片后添加 dimensions（尺寸）指令，不过目前只有 3 个固定尺寸可以选择，分别是 portrait（纵向 2:3）、square（方形 1:1）、landscape（景观 3:2）。

Midjourney

S Stable diffusion

文心一格

Playground

Pebblely

Vega AI

SIX PEN Art

LUCIDDIC

三、海报

第 32 例

产品宣传海报

软件及版本：Pebblely

设置界面：

菜单栏：Create（创作）　　　　Themes（主题）：Gifts（礼物）

可替换关键词：可将 Gifts（礼物）替换为表格中喜欢的内容

让人惊喜的（随机背景）	花朵	桌面
Surprise me	Flowers	Tabletop

例 替换成 Surprise me（让人惊喜的）

作者心得

（1）Pebblely 主要用来绘制产品的展示图，上传产品过后，可一键抠除背景，然后选择所需的背景后，即可快速生成产品展示图。除以上表格中列举的几种产品背景外，还有 Silk（丝绸）、Nature（大自然）、Pebbles（鹅卵石）、Furniture（家具）等。

（2）上传产品展示图时应尽量选择背景干净的图片，在抠图时会抠得更干净，而且还可以在抠图界面单击 Refine background（重定义背景）以手动调整背景的抠图细致程度。

第 33 例

电影海报

软件及版本：Stable Diffusion

设置界面：

关键词	**正面提示词：** ◎ Masterpiece 杰作 ◎ (Best quality :1.4) （最佳质量 :1.4） ◎ [Intricate detail :0.2] （复杂细节 :0.2） ◎ Cinematic shots 电影镜头 ◎ Explosions 爆炸 ◎ People running 奔跑的人 ◎ Best quality 最佳质量 **负面提示词：** （详见第 4 页负面提示词通用模板）

可替换关键词： 可以添加词语，让画面内容更为丰富，如表格中的词语

建筑废墟	巨浪	直升机
Architectural ruins	Billow	Helicopter

例 增加 Architectural ruins（建筑废墟）元素

作者心得

（1）在增加元素时，可能会导致其他元素体现得不明显，这里推荐两种处理方式：一是增加权重，二是进行后期处理。

（2）海报效果只能作为参考，如果想真正将其应用到实际设计中，还需要设计师进行一些细节调整。

第 34 例

海报背景

软件及版本：Midjourney V5.2

设置界面：

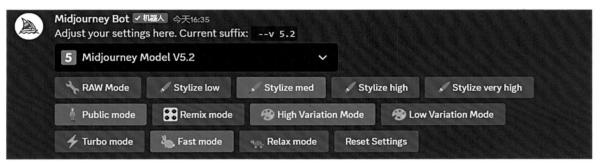

关键词	◎ Advertising poster for new campsite　新营地广告海报
	◎ In the style of quirky cartoonish illustrations　古怪的卡通插图风格
	◎ Light gray and brown　浅灰色和棕色
	◎ Uniformly staged images　统一的舞台图像
	◎ Focus on joints/connections　关注关节 / 连接
	◎ Eco-friendly craftsmanship　环保工艺　◎ Green and gold　绿色和金色
	◎ --ar 3:4　画面比例 3:4

可替换关键词：可将 Advertising poster for new campsite（新营地广告海报）替换为其他主题风格

青团广告海报	冲浪广告海报	时装广告海报
Green rice ball advertising poster	Surf advertising poster	Fashion advertising poster

例 替换成 Green rice ball advertising poster（青团广告海报）

作者心得

（1）这里为了演示，作者用了卡通插图作为海报背景，在实际应用中，可以多尝试其他风格。

（2）Midjourney 目前对于中国传统元素的把握并不是十分准确，如果想在生成的图片中有中国元素，可以采用垫图的方式。

（3）Midjourney 无法生成正确的文字，所以，在生成想要的背景图片后，需要我们用其他软件添加文字。

Midjourney　S Stable diffusion　文心一格　Playground　Pebblely　Vega AI　SIX PEN Art　LUCIDPIC

第 35 例

化妆品海报

软件及版本：Midjourney V5.2

设置界面：

关键词	◎ Advertisement for a bottle of whitening essence 一瓶美白精华液的广告 ◎ Style with dreamy visual effects 梦幻视觉效果 ◎ Ocean banckyround 海洋背景 ◎ Unreal engine 使用虚幻引擎制作 ◎ Eco-friendly-style 环保风格 ◎ Intel core 英特尔酷睿处理器 ◎ UHD image UHD 高清画面 ◎ Luxury style 奢华风格 ◎ --ar 3:5 画面比例 3:5

可替换关键词：可将 The coffee shop(咖啡店) 替换为其他主题风格

巧克力店	蛋糕店	糖果店
Chocolate shop	Cake shop	Candy shop

例 替换成 Chocolate shop（巧克力店）

作者心得

（1）在生成设计图时，可以采用宽幅的比例，让 AI 能够在更大的空间进行设计。

（2）如果想要的风格需要新的布局，可以将想要的风格设计图片垫图，让 AI 在此基础上进行再创作。

第 38 例

字体嵌套

软件及版本： Stable Diffusion

设置界面：

关键词	正面提示词： ◎ Detailed details 详细的细节 ◎ Lots of green leaves 许多绿叶 ◎ White background 白色背景 负面提示词： (详见第 4 页负面提示词通用模板)

可替换关键词：可以替换为表格中的词汇，更改图片内容

橘子切片	火焰	玻璃质感
Orange slice	Flame	Glassy texture

例 替换成 Orange slice（橘子切片）字体加工图片

作者心得

（1）在使用 Stable Diffusion 中的 ControlNet 插件处理白底黑字的文稿时，记得一定要切换为 Invert 模式，在该模式下能够更精准地控制线稿效果。

（2）除了更改文字的质感，还可以更改文字的背景。

Midjourney
S Stable diffusion
文心一格
Playground
Pebblely
Vega AI
SIX PEN Art
LUCIDPIC

第 39 例

汽车产品展示

软件及版本：Stable Diffusion

设置界面：

关键词	正面提示词：◎ Black off-road 黑色越野　◎ Tall 高大的
	◎ Out of the Tornado 离开龙卷风　◎ Realistic details 现实细节
	◎ Unreal Engine 虚幻引擎　◎ Real photography 真正的摄影
	◎ High quality 高质量　◎ Best pixels 最好的像素
	◎ Product views 产品视图　◎ Amazing details 惊人的细节
	负面提示词：（详见第 4 页负面提示词通用模板）

可替换关键词：可将 Black off-road（黑色越野）替换为其他类型车

白色轿车	红色跑车	蓝色皮卡
White car	Red sports car	Blue pickup truck

例　替换成 White car（白色轿车）

作者心得

（1）在绘制汽车的产品展示图时，横幅图片比竖幅图片的表达力更强一些。

（2）如果觉得文生图效果不理想，可以尝试使用图生图功能。

Midjourney
S Stable diffusion
文心一格
Playground
Pebblely
Vega AI
SIX PEN Art
LUCIDPIC

第 40 例

橱窗模特

软件及版本：Midjourney V5.2

设置界面：

关键词	◎ A window mannequin dressed in wedding dress　一个穿着婚纱的橱窗模特 ◎ Noble silk　高贵的丝绸　　◎ A fluffy skirt hem　蓬松的裙摆 ◎ Smooth cutting　剪裁流畅　　◎ Expensive and luxurious　昂贵而奢华 ◎ White and glittering　白色且闪闪发光　　◎ Concise designs　简洁的设计 ◎ Front view　正面视图　　◎ Perspective through glass　玻璃透视 ◎ 8K render　8K 渲染

可替换关键词：可将 A window mannequin dressed in wedding dress（一个穿着婚纱的橱窗模特）
替换为表格中喜欢的内容

一个穿着晚礼服的橱窗模特	一个穿着运动外套的橱窗模特	一个穿着可爱童装的橱窗模特
A window mannequin in an evening gown	A window mannequin in sport coat	A window model dressed in cute children's clothing

例　替换成 A window mannequin in sport coat（一个穿着运动外套的橱窗模特）

作者心得

（1）在设计橱窗模特时，还可以根据服装样式改变模特的动作，如 hands akimbo（双手叉腰）、drop hands naturally（双手自然下垂）等。

（2）关于描述橱窗模特服装的关键词，需要根据模特的形象而灵活变化，如前面将 A window mannequin in wedding dress（一个穿着婚纱的橱窗模特）变成了 A window mannequin in sport coat（一个穿着运动外套的橱窗模特），那么对应的关于婚纱的关键词 Expensive and luxurious（昂贵而奢华）、White and glittering（白色且闪闪发光）则可以替换为 Relaxed and leisurely（轻松休闲的）、Full length shot（全身）。

案例赏析

第 41 例

文图融合

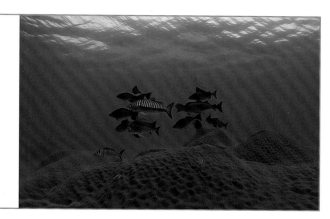

软件及版本：Stable Diffusion

设置界面：

关键词	**正面提示词：** ◎ Bottom of the sea 在海底
	◎ Schools of small fish 成群的小鱼　◎ Light 光
	◎ Contrast of light and dark 明暗对比
	负面提示词：　（详见第 4 页负面提示词通用模板）

可替换关键词： 可将 Bottom of the sea（在海底）替换为其他场景

森林	办公室	天空
Forest	Office	Sky

例 替换成 Forest（森林）

作者心得

（1）使用文图融合生成图片时，有时文字和图片会融合得太过彻底，从而导致分辨不出文字的现象，此时可以多生成几张，然后选择效果最好的。

（2）文图融合图片的特殊之处在于，有时需要将图片缩小才能看清效果。

（3）除了自然景象，将这种效果与人物照片套用，也能产生令人赞叹的视觉冲击效果。

第 42 例

花式二维码

软件及版本：Stable Diffusion

设置界面：

关键词	正面提示词：◎ Many flowers 许多花　◎ White background 白色的背景 负面提示词：（详见第 4 页负面提示词通用模板）

可替换关键词： 在这里列举一些其他的短语，可以与上文提供的关键词进行组合尝试

可爱的猫	一些云朵	游动的小鱼
Cute cat	Some clouds	Swimming fish

例 替换成 Cute cat（可爱的猫）

作者心得

（1）这里为了演示仅使用了简单的词语，事实上这个功能的可操作性很强，而且可以生成复杂的图片，只是需要更多的形容词和更多的尝试。

（2）因为 AI 无法精准控制，为了确保二维码能扫描出来，可以通过调整明暗度，多次生成以选择更好的图片，或者离远一点扫描小图片。

第 7 章 装帧设计

学习内容 ▼

第 43 例

科普杂志封面

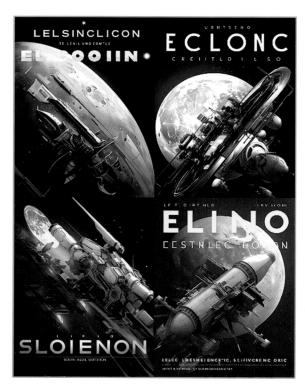

软件及版本：Midjourney Niji 5

设置界面：

关键词	◎ A Science book cover　一张科普杂志封面　◎ Lunar exploration　月球探测 ◎ Title and words　标题和文字　◎ Sci-fi style　科幻风格 ◎ Realistic detail　逼真细节　◎ 3D　三维效果　◎ --ar 3:4　画面比例 3:4

可替换关键词： 可将 Sci-fi style（科幻风格）替换为表格中喜欢的风格

电影镜头	奇幻艺术	Q 版
Cinematic shot	Fantasy art	Chibi

例　替换成 Fantasy art（奇幻艺术）风格

作者心得

（1）可以将关键词 Lunar exploration（月球探测）替换成自己喜欢的主题，如 Milky way（银河）、Black hole（黑洞）等。

（2）如果仅需要背景图，不需要文字位置示意，则可以删除关键词 Title and words（标题和文字）[1]。

案例赏析

[1]作者注

　　本例中，因为在关键词中添加了 Title and words（标题和文字），所以在生成的封面中都带有字符（Midjourney 无法生成中文字符），但是此处的字符内容是没有实际意义的，读者可参考字符的位置和大小，在后期处理时结合封面主题，根据实际需要，替换为契合的文字内容（如第 44 例、第 48 例、第 56 例、第 64 例，可参考此解释）。

第 44 例

书籍排版

软件及版本：Midjourney V5.2

设置界面：

关键词	◎ Beauty magazine page layout　美妆杂志的页面设计
	◎ Layout design　版式设计　　◎ Text and picture matching　文字和图片搭配
	◎ Concise layout　简洁的版面　　◎ Front view　正面视图
	◎ Left and right symmetry　左右对称　　◎ Extreme details　极致细节
	◎ HD　高清　◎ --ar 16:9　画面比例 16:9

可替换关键词: 可将 Beauty magazine page layout（美妆杂志的页面设计）替换为表格中喜欢的内容

科普杂志的页面设计	数学书的页面设计	儿童绘本的页面设计
Science magazine page layout	Math book page layout	Children's picture book page layout

例　替换成 Children's picture book page layout（儿童绘本的页面设计）

作者心得

（1）如果不进行强调，可能会生成 3 页或 4 页版面，而且比较散乱，所以需要在关键词中加入 Left and right symmetry（左右对称）或者单独强调 two pages（2 页）或 one page（1 页）。

（2）如果所需版面上的图片要多于文字，可以在关键词中强调 picture more than text（图片比文字多）、less text（文字较少）等。

第 45 例

人文地理杂志封面

软件及版本： Stable Diffusion

设置界面：

关键词	正面提示词： ◎ （Petra）佩特拉古城　◎ (Rocky buildings) 岩石建筑 ◎ (Dilapidated:1.5) 破旧的 :1.5　◎ Old　老的　◎ Epic　史诗 ◎ Majestic　宏伟的　◎ Ruins　废墟　◎ Temples　寺庙 ◎ Statues　雕像　◎ Dim light　昏暗的灯光 负面提示词：　（详见第 4 页负面提示词通用模板）

可替换关键词： 可将 Petra(佩特拉古城) 替换为其他地方

吴哥窟	马丘比丘	金字塔
Angkor Wat	Machu Picchu	The pyramids

例　替换成 Angkor Wat（吴哥窟）

作者心得

（1）虽然 AI 能够画出类似效果的图片，但是不具备准确性，所以使用时需要特别注意。

（2）在这里作者为了演示，正面提示词并没有过多形容，所以受图片长宽比例的影响，有重复 的感觉，在实际作图时，可以通过丰富画面内容与增加权重来尽量规避这种情况。

第 46 例

立体书

软件及版本：Midjourney V5.2

设置界面：

关键词	◎ A Pop-up book 一本立体书 ◎ With a 3D dream castle in the middle of two pages 两页书的中间是一座三维的梦幻城堡 ◎ Mainly pink and white 主要是粉色和白色 ◎ With creases 有折痕 ◎ High details 高细节

可替换关键词：可将 dream castle （梦幻城堡）替换为表格中喜欢的内容

彩色蝴蝶	生日蛋糕	威廉城堡
colorful butterfly	birthday cake	william castle

例　替换成 colorful butterfly（彩色蝴蝶）

作者心得

（1）在尝试绘制立体书时，可以从简单的对象开始。如上述的 birthday cake，而且最好是具体的某个对象，而不是 undersea world （海底世界）这样比较宽泛的关键词，可以将其具体描述一下，如 clown fish（小丑鱼）等。

（2）目前在 Midjourney 中绘画时，很容易在多次尝试中越画越复杂，绘制效果与我们最初的想法相悖，此时可以在关键词中增加 a minimalist picture （一张极简的图）或 minimalism（极简主义）进行强调。

第 47 例

时尚杂志封面

软件及版本：Stable Diffusion

设置界面：

关键词	正面提示词：◎ Girl 女孩　◎ Theater 剧院　◎ Long pink dress 粉色长裙　◎ Fashion 时尚　◎ Blonde curls 金色的卷发　◎ Beautiful 美丽的　◎ Laugh 笑 负面提示词：（详见第 4 页负面提示词通用模板）

可替换关键词：可以添加词语，让画面内容更为丰富，如表格中的词语

红色长裙	黑色西装	旗袍
Long red dress	Black suit	Cheongsam

例 替换成 Long red dress（红色长裙）

作者心得

（1）在这里作者运用了 ControlNet 插件，它的作用就是能够帮助我们更精准地控制图片内容，这里只演示了姿势的提取，实际上，仅姿势就有许多种玩法，读者可以多多尝试。

（2）有时手部细节不够精准，可以在提取姿势时选择描述手部位置姿势的插件。

Midjourney

S Stable diffusion

文心一格

Playground

Pebblely

Vega AI

SIX PEN Art

LUCIDPIC

第 48 例

漫画书

软件及版本：Midjourney Niji 5

设置界面：

关键词	◎ A comic book cover　一张漫画书封面　◎ Forest adventures　森林探险
	◎ Medium close-up　中近景
	◎ Protagonist in the visual center　主角在视觉中心
	◎ Joyous atmosphere　欢乐的氛围
	◎ Watercolor children's illustration　儿童水彩插图　◎ 8K clarity　8K 清晰度
	◎ --ar 3:4　画面比例 3:4

可替换关键词： 可将 Watercolor children's illustration（儿童水彩插图）替换为表格中喜欢的风格

手冢治虫风格	让·纪劳（法国艺术家）风格	卡通风格
Osamu Tezuka style	Jean Giraud style	Cartoon style

例 替换成 Jean Giraud style（让·纪劳风格）

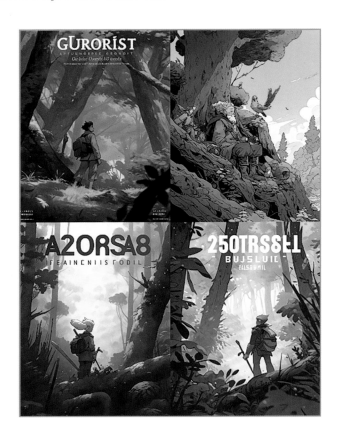

作者心得

（1）可以将关键词 Joyous atmosphere（欢乐的氛围）替换成想要的封面状态，如 Loving atmosphere（有爱的氛围）或 Mysterious atmosphere（神秘的氛围）。

（2）如果生成的图片的细节不够好，还可以在结尾增加关键词，如 full details（充满细节）、extreme details（极致细节）或 insane details（疯狂细节）等。

第 49 例

卡通书

软件及版本：Stable Diffusion

设置界面：

Midjourney
S Stable diffusion
文心一格
Playground
Pebblely
Vega AI
SIX PEN Art
LUCIDDIC

关键词	**正面提示词：** ◎ Masterpiece 杰作　◎ Best quality 最好的质量 ◎ High contrast 高对比度　◎ Cartoon illustration 卡通插画 ◎ Little girl in the woods 森林里的小女孩 **负面提示词：**　（详见 4 第页负面提示词通用模板）

可替换关键词：可将 woods（森林）替换为其他地方

沙漠	天空	乡村
desert	sky	village

例　替换成 desert（沙漠）

作者心得

（1）这里的卡通画呈现了皮克斯和迪士尼的风格，是因为作者使用了此类型的模型，在实际应用中，可以根据需求选择不同效果的模型或者 LoRA 模型。

（2）除了更换环境，也可以增加图片元素，如 Little girl in a princess dress（穿着公主裙的小女孩）等。

第 50 例

少儿绘本封面

软件及版本：Midjourney Niji 5

设置界面：

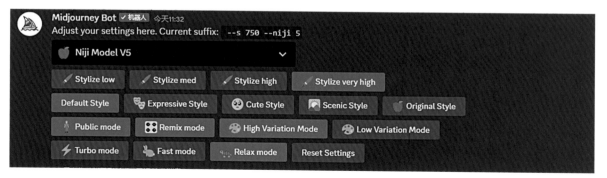

关键词	◎ Under big tree 大树下 ◎ Little child and panda 小孩子和熊猫 ◎ Hug 拥抱 ◎ Colored pencils 彩色铅笔 ◎ Hand drawn 手绘 ◎ Clean background 干净的背景 ◎ --ar 16:9 画面比例 16:9

可替换关键词： 可将 Little child and panda（小孩子和熊猫）的主体内容替换为其他的类型

小孩子和浣熊	长颈鹿和狐狸	蚂蚁和瓢虫
Little child and raccoon	Giraffes and foxes	Ants and ladybugs

例 替换成 Little child and raccoon（小孩子和浣熊）

作者心得

（1）Midjourney 无法输出汉字，所以在制作一些封面图时，Midjourney 只能起到辅助作用，文字还需要我们通过其他途径来实现。

（2）除了更换主体内容，还可以更换绘画风格和灯光等，只需替换相应的关键词短语即可。

第 51 例

涂色书

软件及版本：Midjourney Niji 5

设置界面：

关键词	◎ In the forest 在森林里 ◎ The little girl in a dress 穿着裙子的小女孩 ◎ Holding flowers in her hand 手里捧着花 ◎ Stands in front of the little house 站在小房子前面 ◎ Looking straight into the camera 直视镜头 ◎ Stick figures 简笔画 ◎ Black and white lines 黑白线 ◎ Cute 可爱 ◎ Coloring books 着色书籍 ◎ Simple lines 简单的线条

可替换关键词：根据表现效果，我们可以替换 house（房子），改变相应的装饰物

蘑菇	老虎	花朵
mushroom	tiger	flower

例　将人物调整为站在 mushroom（蘑菇）前

作者心得

（1）通过反复地尝试可以发现，有时形容词少一点生成的图片效果或许更好。

（2）Midjourney V5.2 的版本也能制作出类似的效果，但是对于涂色书而言，Niji 5 的表现力更好。

（3）如果对绘画的内容要求太多，AI 出图的准确性可能会适得其反。

第 7 章 装帧设计

Midjourney

S Stable diffusion

文心一格

Playground

Pebblely

Vega AI

SIX PEN Art

LUCIDDIC

第 52 例

线稿上色

软件及版本：Stable Diffusion

设置界面：

关键词	正面提示词：◎ Red 红色 ◎ Blue 蓝色 ◎ Green 绿色 ◎ Purple 紫色 ◎ Lively 活泼的
	负面提示词：（详见第 4 页负面提示词通用模板）

可替换关键词：可将 Purple（紫色）替换为其他需要的颜色

粉色	薰衣草紫	柠檬黄
Pink	Lavender purple	Lemon yellow

例 替换成 Pink（粉色）

作者心得

（1）这里用了偏向动漫风格的模型，在实际应用中，更换不同的模型也会有不同的效果，读者可多加尝试。

（2）除了直接输入颜色，还可以尝试"物品 + 模式"的效果。

第 **8** 章 界面设计

学习内容

一、UI 设计

第 53 例

元素图标

软件及版本：Midjourney V5.2

设置界面：

关键词

◎ Mushroom element icons 蘑菇元素图标 ◎ UI design 用户界面设计
◎ Graphic design 平面设计 ◎ Cute 可爱的
◎ Clean background 干净的背景

可替换关键词：可将 Mushroom(蘑菇) 替换为其他元素

农场	水果	花朵
Farms	Fruits	Flowers

例 替换成 Farms（农场）

作者心得

（1）有的元素生成得不够准确，可以用更精准的词语来进行限定。

（2）为了演示，作者仅生成了图标，没有做风格上的限定。在实际应用中，读者可以大胆尝试。

第 54 例

像素画角色

软件及版本：Midjourney Niji 5

设置界面：

关键词	◎ Pixel people 像素人 ◎ Style rugged 2D animation 风格粗犷的二维动画 ◎ Pixel art 像素艺术 ◎ Retro games 复古游戏 ◎ Chibi Q 版 ◎ Background clean 背景干净 ◎ Low quality 低质量 ◎ Pixel block style 像素块风格

可替换关键词：可将 people（人）替换为其他元素

城堡	地图	龙
castle	map	dragon

例 替换成 castle（城堡）

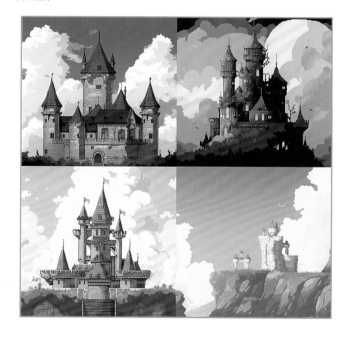

作者心得

（1）在绘制本例时，除了 Niji 5，Midjourney V5.2 也能实现不错的效果。

（2）除了文章提示的关键词之外，还可以用不同的像素游戏来确定像素画的风格，如我的世界（Minecraft）、星露谷物语（Stardew Valley）等。

第 55 例

三维图标

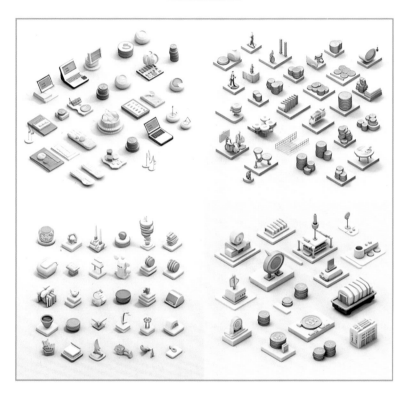

软件及版本：Midjourney V5.2

设置界面：

关键词	◎ Financial icons 金融图标　◎ 3D 三维效果　◎ UI design UI 设计 ◎ Stereo 有立体感的　◎ Massive queuing 规模排列 ◎ Different financial icons 不同的金融图标　◎ High detail 高细节 ◎ 4K 4K 画质　◎ Industrial design 工业设计 ◎ White background 白色背景　◎ Studio lighting 工作室照明

可替换关键词：可将 Financial（金融）替换为其他元素

快餐	文具	天气
Fast food	Stationery	Weather

例 替换成 Fast food（快餐）

作者心得

（1）立体感图标的应用范围非常广泛，如果觉得图标要素太多，可以选择其中一个来精准生成。

（2）除了生成立体效果，还可以删除相关关键词，生成平面效果。

第 56 例

手机交互界面

软件及版本：Midjourney V5.2

设置界面：

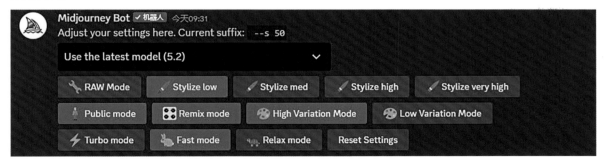

关键词	◎ UI design for mobile App 移动应用的 UI 设计 ◎ Attraction features 吸引力特征 ◎ Price 价格 ◎ Introduction 介绍 ◎ White background 白色背景

可替换关键词：可将 UI design for mobile App（移动应用的 UI 设计）替换成需要的类型

电脑网页	车载显示屏	电子屏显示
Computer web pages	Car display	Electronic screen display

例　替换成 Computer web pages（电脑网页）

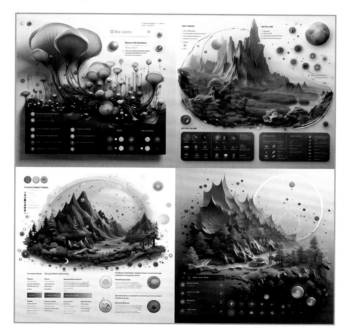

作者心得

（1）Midjourney 默认的 UI 设计的风格可能比较固定，我们可以根据想要的风格添加关键词，从而达到理想效果。

（2）可以根据使用场景来调整 AI 出图的画面比例，如常用的 16∶10 和 9∶16 等。

二、游戏场景设计

第 57 例

街道场景

软件及版本：Midjourney V5.2

设置界面：

关键词	◎ City　城市　◎ Street View　街景 ◎ Neon Lights　霓虹灯　◎ 1990s Video Games　20 世纪 90 年代电子游戏 ◎ Polygon style art　多边形风格艺术　◎ --ar 16:9　画面比例 16:9

可替换关键词：可将 Neon Lights（霓虹灯）的光线效果替换成想要的效果

晨光 Morning Light	霓虹灯冷光 Neon cold lighting	黄昏光线 Crepuscular Ray

例　替换成 Morning Light（晨光）

作者心得

（1）为了能简单直接地上手操作，作者使用的词语都不长，如果有更加精细的要求，可以试着多添加相应的词语来达到想要的效果。

（2）如果想要制作的城市街道场景没有特别明显的街道风格，可以通过垫图来达到想要的效果。

第 58 例

庭院场景

软件及版本：Midjourney V5.2

设置界面：

关键词	◎ A game scene from a Chinese style courtyard　一个中式庭院的游戏场景 ◎ Private garden　私人庭院　　◎ Gentle sunlight　和煦的阳光 ◎ Carpet of flowers　繁花似锦　　◎ Harmonious atmosphere　和谐的氛围 ◎ CG render　CG 渲染　　◎ Landscape concept art　景观概念艺术 ◎ --ar 16:9　画面比例 16:9

可替换关键词：可将 A game scene from a Chinese style courtyard（一个中式庭院的游戏场景）替换为表格中喜欢的内容

一个欧洲庭院的游戏场景	一个农家小院的游戏场景	巴洛克建筑庭院的游戏场景
A game scene from a European courtyard	A game scene of a farmyard	A game scene of Baroque architecture courtyard

例　替换成 A game scene from a European courtyard（一个欧洲庭院的游戏场景）

作者心得

（1）在细节上，Midjourney 有时会生成一些关键词中没有的物品，可以通过多次出图解决这个问题，也可以添加关键词"no+ 物品"进行规避，如 no lanterns（不要灯笼）、no flowers（不要花）。

（2）如果生成图片的光影效果不是自己想要的，可以尝试添加关键词 brighter（更亮）或 darker（更暗），或者选择其他想要的光，如 sunshine lighting（阳光照耀）、soft light（柔光）等。

第 59 例

室内场景

软件及版本：Midjourney V5.2

设置界面：

| 关键词 | ◎ Warm and bright indoor space　温暖明亮的室内空间
◎ No humans　没有人　◎ Floor-to-ceiling windows　落地窗
◎ Soft curtains　柔软的窗帘　◎ Indoor potted plants　室内盆栽植物
◎ Flowers open　花朵盛开　◎ Exquisite table with tea set　精致的桌子和茶具
◎ Mellow black tea steaming　醇厚的红茶　◎ 3D rendering　三维渲染
◎ Game scenes　游戏场景　◎ --ar 16:9　画面比例 16:9 |

可替换关键词：可使用 Vary（Region）局部重绘功能将 table(桌子) 替换为其他需要的物品

黑色钢琴	秋千	竖琴
black piano	swing	harp

例　将桌子替换成 black piano（黑色钢琴）

作者心得

（1）考虑到游戏场景需要细节，所以本例中使用了较多的主体形容词，在实际操作中可以酌情删减。

（2）AI 制图没有办法识别物体应该处在怎样的环境，所以有时生成图片中的物体可能出现在任何地方，这时我们应该明确指令，如 Teapot on the table（茶壶在桌上）。

案例赏析

第 60 例

科幻场景

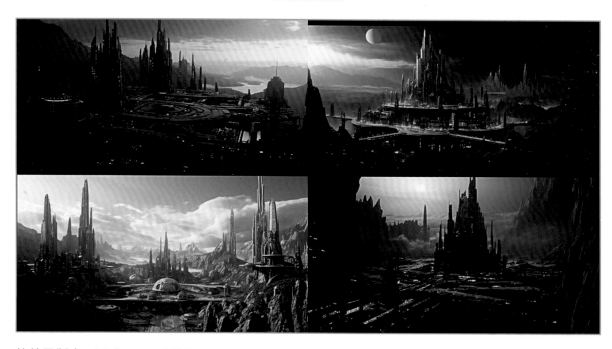

软件及版本：Midjourney V5.2

设置界面：

关键词	◎ On the planet 在星球上 ◎ There are fortress-like buildings in the middle of the urban complex 在城市综合体中间有堡垒般的建筑 ◎ Cinematic shot 电影镜头 ◎ 8K 8K 画质 ◎ Unmatched details 无与伦比的细节 ◎ Galactic 银河的 ◎ --ar 16:9 画面比例 16:9

可替换关键词：可将 Galactic（银河的）替换为其他需要的环境

森林	沙漠	海洋
Forest	Desert	Ocean

例 替换成 Forest（森林）

作者心得

（1）比较令人困扰的是，建筑是不容易把控的，在 AI 绘画时也许会达不到想要的效果，这时就可以考虑用垫图来解决。

（2）在制图过程中，作者并没有刻意强调画质，但是在实际应用中，读者可以用 4K、8K、HD 等画质关键词来实现自己想要的效果。

第 61 例

国风场景

软件及版本：Stable Diffusion

设置界面：

右侧竖排导航：Midjourney | Stable diffusion | 文心一格 | Playground | Pebblely | Vega AI | SIX PEN Art | LUCIDDIC

迭代步数 (Steps)　　　　　30

采样方法 (Sampler)

- Euler a　　Euler　　LMS　　Heun　　DPM2　　DPM2 a　　DPM++ 2S a　　DPM++ 2M　　DPM++ SDE
- DPM++ 2M SDE　　DPM fast　　DPM adaptive　　LMS Karras　　DPM2 Karras　　DPM2 a Karras
- DPM++ 2S a Karras　　DPM++ 2M Karras　　DPM++ SDE Karras　　DPM++ 2M SDE Karras　　DDIM　　PLMS
- UniPC

☑ 面部修复　　☐ 平铺图 (Tiling)　　☐ 高分辨率修复 (Hires. fix)

宽度　　　　　1280　　总批次数　　1

高度　　　　　700　　单批数量　　1

提示词引导系数 (CFG Scale)　　7

随机数种子 (Seed)

931261685

关键词	正面提示词: ◎ Chinese ink painting 中国水墨画 ◎ Chinese town 中国城镇 ◎ Suzhou 苏州 ◎ Chinese architecture 中式建筑 ◎ Overlooking 俯瞰 ◎ Spring 春天 ◎ Water 水 ◎ Trees 树
	负面提示词: （详见第 4 页负面提示词通用模板）

可替换关键词: 可将 Spring（春天）替换为其他季节

夏天	秋天	冬天
Summer	Autumn	Winter

例　替换成 Winter（冬天）

作者心得

（1）更换关键词后，应将相关联的词也进行替换。比如在这个例子中，仅将夏天改为冬天可能达不到想要的效果，还需要加上与冬天相关联的词语，如雪花等。

（2）本次绘画用了二维效果，在实际应用中可以更换模型来实现其他不同的效果。

第 62 例

游戏地图

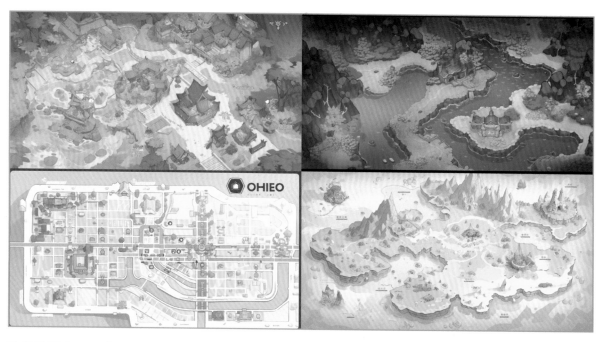

软件及版本：Midjourney Niji 5

设置界面：

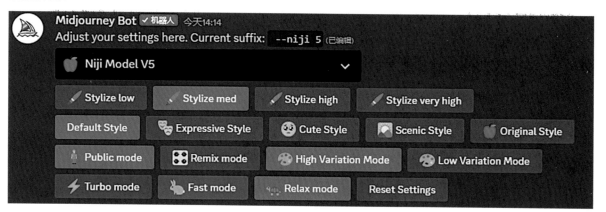

关键词	◎ Game map design 游戏地图设计　◎ Route planning 路线规划 ◎ Module display 模块展示　◎ Exquisite graphics 画面精美 ◎ Chibi Q 版　◎ Concise 简洁的　◎ Graphic design 平面设计 ◎ Hyper quality 超高画质　◎ --ar 16:9 画面比例 16:9

可替换关键词：可将 Midjourney Niji 5 转换为 Midjourney V5.2，然后将 Chibi（Q 版）、Graphic design（平面设计）替换为表格中喜欢的内容

三维渲染	简单的线条	接近真实
3D rendering	Simple line	Near-true

例　采用 Midjourney V5.2 并替换成 3D rendering（三维渲染）

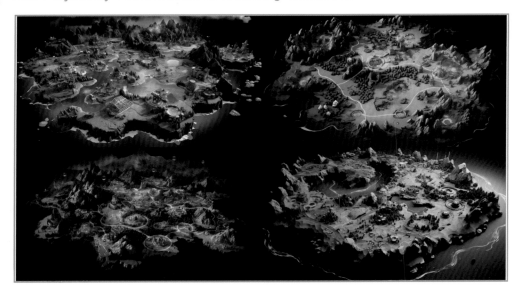

作者心得

（1）如果对地图的主要颜色有要求，可以在关键词中添加"mainly + 颜色"，如 mainly green（主要是绿色）、mainly brown（主要是棕色）。

（2）Midjourney Niji 5 与 Chibi（Q 版）搭配，适合生成动画风格的游戏地图，Midjourney V5.2 与 3D rendering（三维渲染）搭配，适合生成更逼真的游戏地图。读者可以根据需要自由选择。

第 63 例

游戏角色

软件及版本： Midjourney V5.2

设置界面：

关键词	◎ Goddess of war　战争女神　◎ Fluffy hair　蓬松的头发　◎ Sacred　神圣的 ◎ Dramatic　戏剧性的　◎ Silver halo　银色光晕　◎ Volumetric light　体积光 ◎ Full Body Lens (FLS)　全身镜头　◎ Symmetrical composition　对称构图 ◎ 3D rendering　三维渲染　◎ Epic detail　史诗般的细节 ◎ 8K, HD　8K 画质 高清　◎ --ar 9:16　画面比例 9:16

右侧边栏：Midjourney　S Stable diffusion　文心一格　Playground　Pebbly　Vega AI　SIX PEN Art　LUCIDPIC

可替换关键词：根据表现效果，可以替换 Full Body Lens (FLS)（全身镜头），以设置相应的景别

腰部以上	膝盖以上	中景
Waist Shot(WS)	Knee Shot(KS)	Medium Shot(MS)

例 将人物图片调整为 Waist Shot(WS)（腰部以上）

作者心得

（1）在使用 Midjourney 时，如果图片比例不能根据景别进行调整的话，很难出现想要的效果，在这次尝试中，作者发现如果设置为人物全身镜头，但图片比例是横幅，就很难出现全身的效果图，所以在使用 AI 绘画时，应该调整相应图片比例。

（2）除了自己指定人物形象，还可以用一些著名的神话形象来再次创造，如 Apollo（阿波罗）、Venus（维纳斯）、Pangu（盘古）等。

（3）角色设计可以不局限于人物，也可以尝试一下有关动物的创作。

第 64 例

技术图纸

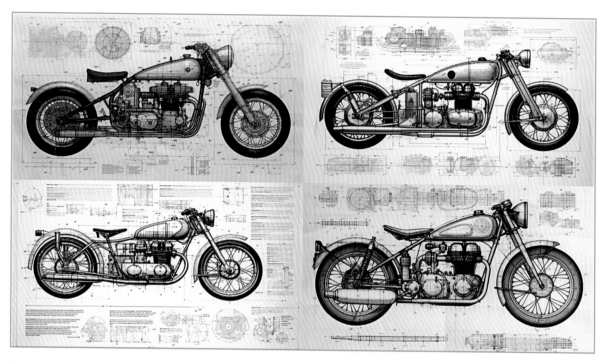

软件及版本：Midjourney V5.2

设置界面：

Midjourney

S Stable diffusion

文心一格

Playground

Pebbley

Vega AI

SIX PEN Art

LUCIDDIC

关键词	◎ Technical drawing style 技术图纸风格 ◎ A motorcycle design 摩托车设计 ◎ Including engine construction 发动机结构 ◎ Wheel hub details 轮毂细节 ◎ Instrument panel 仪表盘 ◎ Do old drawings 做旧画 ◎ --ar 5:3 画面比例 5:3

可替换关键词：根据表现效果，可以将 A motorcycle design（摩托车设计）替换为想要的设计图纸

公共汽车	汽车	游艇
Bus	Car	Yacht

例　替换为 Bus（公共汽车）

作者心得

（1）AI 制作的技术图纸仅供参考，并不准确，可以作为装饰画。

（2）除了替换主体，也可以更改呈现的细节，如显示屏、后尾灯等。

第 9 章 产品设计

学习内容 ▼

一、手办设计 ‹

二、饰品设计 ‹

三、DIY 设计 ‹

四、艺术作品设计 ‹

一、手办设计

第 65 例

场景模型

软件及版本：Stable Diffusion

设置界面：

关键词	**正面提示词：** ◎ 1 castle structure 1 个城堡结构 ◎ Pink and white 粉色和白色 ◎ Stereoscopic puzzle 立体拼图 ◎ Hard surface styling 硬面造型 ◎ Pastoral style 田园风格 ◎ Tabletop photography 桌面摄影 **负面提示词：** （详见第 4 页负面提示词通用模板）

可替换关键词：可将 castle（城堡）替换成其他喜欢的内容

玻璃花房	原木小屋	钟楼
glasshouse	log cabin	belfry

例 替换成 glasshouse（玻璃花房）

作者心得

（1）Stable Diffusion 对中式建筑并不是十分了解，所以对于中式建筑的出图效果并不好，如果需要制作中式建筑的场景模型，可以找一找现实风格的中式建筑模型或者自己运用大量案例制作模型。

（2）如果是大场景，则用横幅的长方形效果会更好。

第 66 例

建筑手办

软件及版本：Midjourney V5.2

设置界面：

关键词	◎ Lovely house 可爱的房子 ◎ Isometric view 等距视图 ◎ POP MART 泡泡玛特 ◎ Clay texture 黏土质感

可替换关键词：可将 Clay texture（黏土质感）的材质替换成其他需要的类型

乐高	充气质感	雕塑
Lego	Inflatable texture	Sculpture

例 替换成 Lego（乐高）

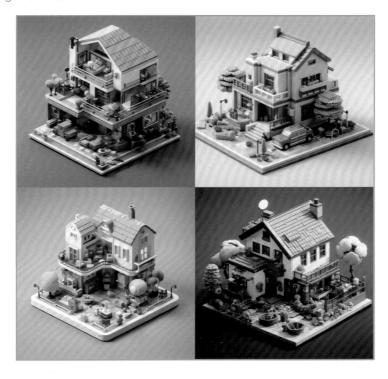

作者心得

（1）本例中仅仅只用了"可爱的房子"来作为内容描述。在实际操作中，读者可以根据自己的想象，丰富关键词来打造一个更为完善的建筑手办。

（2）除了房屋，还有一些其他的小物件也是相同的原理，如汽车、轮船等，读者都可以大胆尝试。

第 67 例

黏土手办

软件及版本：Midjourney V5.2

设置界面：

关键词	◎ A model kit made of ultralight clay 由超轻黏土制成的手办 ◎ A cute little girl 一个可爱的小女孩 ◎ Simple and exquisite 简单精致 ◎ 3D style 三维风格 ◎ Clean background 干净的背景 ◎ Close to the real details 接近真实细节 ◎ Isometric view 等距视图

可替换关键词：可将 A cute little girl（一个可爱的小女孩）替换为表格中喜欢的内容

一只可爱的小狗	拥抱着的新郎和新娘	3 个在聊天的女孩
A cute little dog	Embracing the groom and bride	Three girls chatting

例 替换成 Embracing the groom and bride（拥抱着的新郎和新娘）

作者心得

（1）"手办"有多种翻译，如这里使用的 model kit，此外还可以替换为 garage kit、resin kit 等。

（2）Midjourney 目前对于群像人物的细节处理还不够细致，所以在输入手办的制作对象时，数量越少，出图会越精致。

第 68 例

羊毛毡手办

软件及版本：Midjourney V5.2

设置界面：

关键词	◎ A panda model kit 一个熊猫手办	◎ Wool felt material 羊毛毡材质
	◎ Exquisite and cute 精致可爱的	◎ Furry 毛茸茸的
	◎ Clean background 干净的背景	

可替换关键词： 可将 A panda model kit（一个熊猫手办）替换为表格中喜欢的内容

动物新郎新娘手办	一个粉色兔子手办	一个蘑菇手办
An animal Groom and Bride model kit	A pink rabbit model kit	A mushroom model kit

例 替换成 An animal Groom and Bride model kit（动物新郎新娘手办）

作者心得

（1）在关键词中一定要限定制作手办的材质，否则 Midjourney 可能会默认生成手办常用的 cast（树脂）或 PVC（Polyvinyl chloride，聚氯乙烯）材质。

（2）用羊毛毡材质出图时，尽量选择比较简单的对象，以及比较直接的描述词，否则 Midjourney 很容易产生错乱。

第 69 例

瓷器手办

软件及版本：Midjourney V5.2

设置界面：

关键词	◎ A Lucky Cat model kit　一个招财猫手办 ◎ Ceramic material　陶瓷材质　◎ Be all smiles　笑容满面的 ◎ Unique design　独特的设计　◎ Smooth and glossy　光滑且有光泽 ◎ Solid background　纯色背景

可替换关键词： 可将 A Lucky Cat model kit（一个招财猫手办）替换为表格中喜欢的内容

中国唐朝娃娃手办	一个胖小猪手办	一个美丽公主手办
Chinese Tang Dynasty Dolls model kit	A fat little pig model kit	A beautiful princess model kit

例 替换成 A beautiful princess model kit（一个美丽公主手办）

作者心得

（1）关键词"招财猫"有 Lucky Cat、Fortune cat、Maneki Neko 等多种表达方式。

（2）Midjourney 生成的图片有时会丢失一些细节，可以在关键词中加以强调，如添加 Right paw raised（右爪举起）、Three beards（3 根胡须）等。

第 70 例

金属手办

软件及版本：Midjourney V5.2

设置界面：

关键词	◎ A masked warrior with a metallic texture　一个金属质感的蒙面武士
	◎ Holding a long sword　手持长剑　◎ Emitting metallic luster　散发金属光泽
	◎ With a circular base　带有一个圆的底座　◎ Wide and exquisite　野性且精致
	◎ 3D render　三维渲染　◎ White background　白色背景
	◎ Super realistic　超级细节　◎ Isometric view　等距视图

可替换关键词：可将 A masked warrior with a metallic texture，Holding a long sword （一个金属质感的蒙面武士，手持长剑）替换为表格中喜欢的内容

一个穿着机械盔甲的女战士	一位骑在马上的将军	钢铁侠
A female warrior wearing mechanical armor	A general riding on a horse	Iron Man

例　替换成 A general riding on a horse （一位骑在马上的将军）

作者心得

（1）如果觉得生成的手办金属质感不够，可以在关键词中添加与金属有关的描述，如 emitting metallic luster（散发金属光泽）、typical metal lightness（典型的金属光泽）、metal gloss（金属光泽）、surface with a metallic texture（具有金属质感的表面）等。

（2）Midjourney 有时无法完全按照关键词的形容来生成图，如在本案例中，有一张图没有底座，但其他 3 张图有底座，用同样的关键词多尝试几次，或者添加与底座相关的关键词，可以达到想要的效果。

案例赏析

二、饰品设计

第 71 例

手机壳

软件及版本：Midjourney V5.2

设置界面：

关键词	◎ Phone case 手机壳 ◎ Bunny pattern 兔子图案 ◎ Hugging radish 拥抱萝卜 ◎ Cute 可爱的 ◎ 3D rendering 三维渲染 ◎ Silicone texture 硅胶纹理

可替换关键词：可将 Silicone texture（硅胶纹理）替换成其他材质

磨砂玻璃纹理	塑料壳	数字雕刻
Frosted glass texture	Plastic case	Digitally engraved

例 替换成 Frosted glass texture（磨砂玻璃纹理）

作者心得

（1）针对具体型号的手机壳，Midjourney 没有明确数据，所以在达到想要的效果后，可以利用其他软件让手机壳更贴合自己的手机型号。

（2）除了应用到手机壳，此类关键词还可以应用到平板保护壳、笔记本电脑保护壳等物品上。

第 72 例

徽章

软件及版本：Midjourney V5.2

设置界面：

关键词	◎ A commemorative badge 一枚纪念徽章 ◎ A rabbit 一只兔子 ◎ Chibi Q 版 ◎ Round and lovely 圆润可爱的 ◎ Irregular shaped 不规则形状 ◎ Zinc alloy 锌合金 ◎ Hollowing process 镂空工艺 ◎ Micro perspective 微观视角 ◎ 4K high detail rendering 4K 高细节渲染

可替换关键词：可将 Hollowing process（镂空工艺）替换为表格中喜欢的风格

仿珐琅	三维立体效果	烤漆工艺
Imitation enamel	3D stereoscopic effect	Paint baking process

例 替换成 Imitation enamel（仿珐琅）

作者心得

（1）当用同一组关键词尝试次数过多时，Midjourney 会出现一些"不可控"的情况，如生成的 4 张图中，有 3 张是根据关键词生成的，还有 1 张则与其他图片风格不同。为了避免这种情况，最好不用同一组关键词反复尝试。

（2）如果想要制作某一限定场景的纪念徽章，可以调整关键词，如 school anniversary commemorative badge（校庆纪念徽章）、graduation badge（毕业纪念徽章）等，同时添加 logo（标志）、number（数字）等元素。

案例赏析

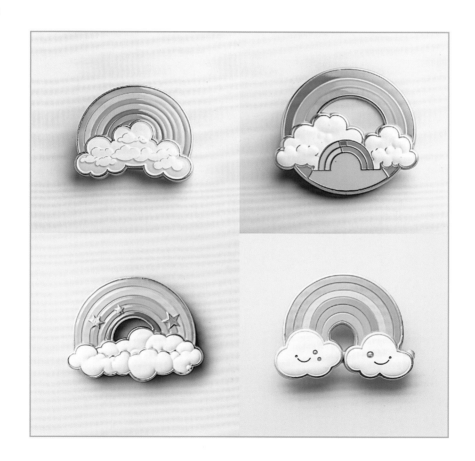

第 73 例

胸针

软件及版本：Midjourney V5.2

设置界面：

关键词	◎ A brooch 一枚胸针　◎ Imbue gemstone 镶嵌宝石 ◎ Minimalist lines 极简主义线条　◎ Like little flowers 像小花 ◎ Light background 浅色背景　◎ Shimmering and captivating 闪亮迷人 ◎ Magnificent and romantic 华丽浪漫　◎ Luxury style 奢华风格 ◎ Suitable for formal occasions 适合正式场合　◎ Delicate details 精致细节

可替换关键词：可将 Imbue gemstone（镶嵌宝石）替换为表格中喜欢的风格

镶嵌钻石	用珍珠点缀	用玛瑙装饰
Imbue diamond	Embellish with pearls	Decorate with agate

例　替换成 Decorate with agate（用玛瑙装饰）

作者心得

（1）胸针的材质除了上述几种，还可以尝试替换为 plastic（塑料）、glaze（琉璃）或 enamel（珐琅）。

（2）想要改变胸针的风格，可以将 Luxury style（奢华风格）替换为 Nature style（自然风格）、European court style（欧洲宫廷风格）或 Art deco style（装饰艺术风格）等。

戒指

软件及版本：Stable Diffusion

设置界面：

关键词	**正面提示词：** ◎ Realistic photography of a pearl ring　珍珠戒指的现实摄影 ◎ Soft lighting　柔和的灯光　◎ Sharp focus　清晰的焦点 ◎ Pink and white　粉色和白色　◎ Glowing shadows　发光的阴影 ◎ Simple design　简单的设计　◎ 3D rendering　三维渲染 **负面提示词：** （详见第 4 页负面提示词通用模板）

可替换关键词：可将 pearl（珍珠）替换为其他材质

金	钻石	翡翠
gold	diamond	jadeite

例 替换成 gold ring（金戒指）

作者心得

（1）在这个例子中，我们发现金的存在感并不强。在实际操作中，可以通过添加括号"（）"来增加权重，从而提升"金"这一元素的存在感。

（2）AI 的设计并非完美的，有时也需要我们用其他软件调整细节。

Midjourney　S Stable diffusion　文心一格　Playground　Pebblely　Vega AI　SIX PEN Art　LUCIDDIC

第 75 例

发夹

软件及版本：Midjourney V5.2

设置界面：

关键词	◎ A hair clip with diamonds in it 一个镶有钻石的发夹 ◎ In the style of luminous quality 带发光品质的风格 ◎ Exquisite craftsmanship 工艺精湛 ◎ Curvilinear 曲线 ◎ Clear colors 清晰的颜色 ◎ Glitter 闪烁

可替换关键词：可将 A hair clip with diamonds in it（一个镶有钻石的发夹）替换为表格中喜欢的内容

一个蝴蝶结形状的发夹	一个用花朵和珍珠装饰的发夹	一个可爱动物形状的发夹
A hair clip in the shape of a bow	A hair clip decorated with flowers and pearls	A hair clip in the shape of a cute animal

例 替换成 A hair clip decorated with flowers and pearls（一个用花朵和珍珠装饰的发夹）

作者心得

（1）可以给发夹限定喜欢的颜色，如 light pink and silver（淡粉色和银色）、dark green and black（墨绿色和黑色）、red and sliver（红色和银色）等。

（2）如果有喜欢的发夹样式，可以用作垫图，调整 --iw 的数值，让生成的发夹样品更符合自己的喜好。

第 76 例

耳机盒

软件及版本：Stable Diffusion

设置界面：

关键词	**正面提示词:** ◎ Realistic photography of a wireless headphone case　无线耳机盒的现实摄影　◎ Soft lighting　柔和的灯光　◎ Sharp focus　清晰的焦点　◎ Blue and white　蓝色和白色　◎ Intricate pattern　复杂的模式　◎ (Woodcut design)　木刻设计　◎ Glowing shadows　发光的阴影　◎ Simple design　简单的设计　◎ 3D rendering　三维渲染　**负面提示词:**　(详见第 4 页负面提示词通用模板)

可替换关键词: 可将 wireless headphone case（无线耳机盒）替换为其他物件

糖果盒	手机壳	包装盒
candy box	mobile phone case	packing box

例　替换成 candy box（糖果盒）

作者心得

（1）在实际操作中，耳机盒的形态很不好控制，所以建议采用图生图的形式制作产品。

（2）增加更丰富的形容词会取得意想不到的效果。

三、DIY 设计

第 77 例

拼图

软件及版本：Midjourney V5.2

设置界面：

关键词	◎ Puzzle 拼图 ◎ European color town 欧洲色彩小镇 ◎ Painting by Monet 莫奈风格 ◎ Ultra wide shot 超广角镜头 ◎ With the line outline of the puzzle 用线条勾勒出拼图的轮廓 ◎ High resolution 高分辨率 ◎ --ar 5:3 画面比例 5:3

可替换关键词：可将 European color town（欧洲色彩小镇）替换为表格中喜欢的内容

充满活力的未来城市街景	中国古代山水画	神秘的野外森林
Lively future city street scenery	Ancient Chinese landscape painting	Mysterious wild forest

例　替换成 Mysterious wild forest（神秘的野外森林）

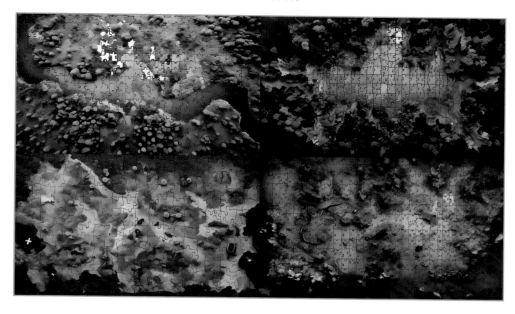

作者心得

（1）如果只需要一幅图画而不是有拼图缝隙的效果图，则可以去掉关键词 With the line outline of the puzzle（用线条勾勒出拼图的轮廓）。

（2）如果想用一张已有的画面作为参考，生成拼图效果，可以采用垫图的方式，如参考《清明上河图》的局部生成一幅拼图。

（3）如果想要不同的视角，可以添加关键词 front view（正视图）、super side angle（超侧角）等。

第 78 例

蛋糕

软件及版本：Midjourney V5.2

设置界面：

关键词	◎ A cake 一个蛋糕 ◎ Like an island 像一座岛屿 ◎ With stones below 下面有石头 ◎ Covered with green grass 绿草如茵 ◎ Washed by waves 被海浪冲刷 ◎ Simple 简单的 ◎ Ins style Ins 风格 ◎ Cute 可爱的

可替换关键词：可将 cake（蛋糕）替换成表格中其他的食物

巧克力	提拉米苏	和果子
chocolate	tiramisu	wagashi

例 替换成 chocolate（巧克力）

作者心得

（1）在这次生成蛋糕的尝试中，尽量不要使用"生日蛋糕"这个词语，否则生成的蛋糕上会插一堆蜡烛。

（2）此外，尽量将蛋糕描述详细，并加上关键词"简单"，否则 AI 生成的蛋糕效果会十分花哨。

（3）除了形容蛋糕元素，还可以对蛋糕限定颜色，让 AI 自行想象，然后再在 AI 出图的基础上进行元素的删减。

第 79 例

手账素材

软件及版本：Midjourney Niji 5

设置界面：

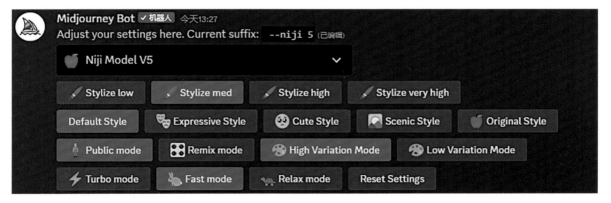

关键词	◎ A sticker with decorative elements 带有装饰元素的贴纸 ◎ Different movements and expressions 有不同的动作和表情 ◎ Travel diary theme 旅行日记主题 ◎ Independent elements 独立的元素 ◎ Pastel 粉彩 ◎ High detail 高细节

可替换关键词：可将 Travel diary theme（旅行日记主题）替换为表格中喜欢的内容

植物主题	可爱动物主题	天气标志主题
Plant themes	Cute animal themes	Weather sign themes

例　替换成 Plant themes（植物主题）

作者心得

（1）手账贴纸的画风可以根据喜好改变关键词，如将 Pastel（粉彩）替换为 Colored pencil（彩铅）、Sketch（素描）、Oil paint（油画）等。

（2）经过多次尝试，作者发现对于同样的关键词，使用 Midjourney Niji 5 版本生成的内容更可爱，更贴近想要的结果，而使用 Midjourney V5.2 版本生成的内容会直接忽视事先限定的风格，容易生成一张只有一个主体的大图。

第 80 例

定制胶带

软件及版本： Midjourney V5.2

设置界面：

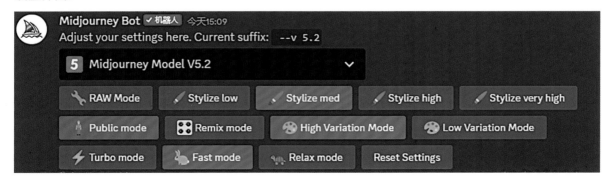

关键词	◎ Patterned tape　带图案的胶带	◎ Potted cactus pattern　盆栽仙人掌图案
	◎ Playful and fresh　俏皮清新	◎ Suitable for hand accounts　适合手账
	◎ White background color　白色底色	◎ Close to the real thing　接近实物

可替换关键词：可将 Potted cactus pattern（盆栽仙人掌图案）替换为表格中喜欢的内容

蕾丝花纹	卡通人物简笔画	美食元素
Lace pattern	Cartoon character stick figures	Gastronomic element

例　替换成 Cartoon character stick figures（卡通人物简笔画）

作者心得

（1）胶带效果图的宽度是不固定的，如果想要固定的宽度，可以在关键词中限定，如 1.5cm wide（宽 1.5cm）。手账胶带的常见宽度为 0.5 ～ 2.5cm。

（2）有时生成的图片中实物胶带会出现穿模的情况，多尝试几次即可。

第 81 例

水果雕刻

软件及版本：文心一格

设置界面：

关键词：水果雕刻，西瓜瓤雕刻牡丹花，详细的细节，干净的背景，高清，简单的

画面类型：智能推荐　　　　　　**比例**：方图　　　　　　**数量**：1

可替换关键词：可将关键词及设置参数根据个人实际需要进行调整

风格 1	风格 2	风格 3
关键词：水果雕刻，萝卜雕刻小狗，详细的细节，干净的背景，高清，简单的 **画面类型**：智能推荐 **比例**：方图 **数量**：1	**关键词**：水果雕刻，核桃雕刻小船，高清，干净背景 **画面类型**：智能推荐 **比例**：方图 **数量**：2	**关键词**：冰雕，美丽的城堡，晶莹剔透，霓虹灯，干净的背景 **画面类型**：插画 **比例**：横图 **数量**：4

例　替换成"萝卜雕刻小狗"

作者心得

（1）水果雕刻受造型影响，容易导致蔬果本身变形，可以通过反复尝试或者添加限定词语进行调整。

（2）AI 绘制的图片仅供参考，能否应用到实际中，还需要用实物进行尝试。

右侧边栏：Midjourney　S Stable diffusion　文心一格　Playground　Pebbly　Vega AI　SIX PEN Art　LUCIDDIC

第 82 例

微缩模型

软件及版本：Stable Diffusion

设置界面：

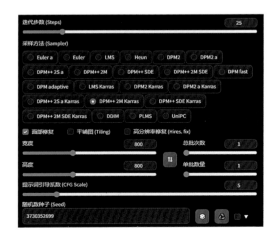

关键词	**正面提示词:** ◎ Abstract 抽象的　◎ Miniature figures 微型人物
	◎ Gobi desert 戈壁沙漠　◎ Highway 高速公路
	◎ Motorcycle with helmet 戴着头盔骑摩托的人　◎ Miniatures 微缩模型
	◎ Clean background 干净背景　◎ Realism 现实主义
	◎ Detailed details 详细的细节　◎ 8K 8K 画质　◎ HD images 高清图片
	◎ Intricate details 复杂的细节　◎ 35mm lens 35mm 镜头
	负面提示词:（详见第 4 页负面提示词通用模板）

可替换关键词: 可将 Motorcycle with helmet（戴着头盔骑摩托的人）替换为表格中喜欢的内容

宇航员	士兵	建筑工人
Astronaut	Private	Construction worker

例 替换成 Astronaut（宇航员）

作者心得

（1）在制作微缩模型图像时，建议不要将提示词引导系数（CFG Scale）调整得太高，5 是比较
合适的数值，调整高了生成的图像不像模型，接近真人；调整低了生成的图像会混乱。

（2）这种效果除了制作人物的微缩模型，还可以尝试制作一些建筑的微缩模型。

案例赏析

第 83 例

儿童车

软件及版本：Midjourney V5.2

设置界面：

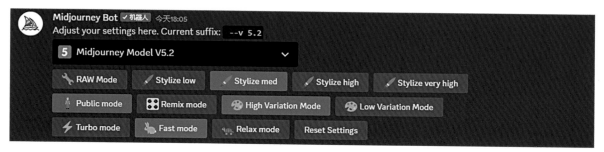

关键词	◎ Children's motorcycle 儿童的摩托车 ◎ Tricycle 三轮车 ◎ Light green and white mainly 主要是浅绿色和白色 ◎ On the beach 在海滩上 ◎ 3D rendering 三维渲染

可替换关键词： 可将 On the beach（在海滩上）替换为其他主题风格

在城市里	在草坪上	游乐场
In the city	On the lawn	Playground

例 替换成 In the city（在城市里）

作者心得

（1）在设计时，生成图片的色系也可以跟随风格调整。

（2）除了设计童车，其他玩具也可以进行设计，这就需要我们大胆想象了。

（3）除了玩具，还可以尝试成人摩托、汽车等效果。

第 84 例

雨伞图案

软件及版本：Midjourney V5.2

设置界面：

关键词	◎ An umbrella with 'kawaii animals' print on it 印有"卡哇伊动物"图案的雨伞
	◎ In the style of light green and light beige 浅绿色和浅米色风格
	◎ Playful coloration 有趣的色彩 ◎ Polyester material 聚酯材料
	◎ Symmetrical structure 对称结构 ◎ Front view 正面视图
	◎ Blurry details 模糊的细节

可替换关键词：可将 An umbrella with 'kawaii animals' print on it（印有"卡哇伊动物"图案的雨伞）
替换为表格中喜欢的内容

印有"中国传统水墨画"的雨伞	印有"皮克斯风格"图案的雨伞	印有"印象派画作"图案的雨伞
An umbrella with 'tradition Chinese ink painting' print on it	An umbrella with 'Pixar style' print on it	An umbrella with 'Impressionist painting' print on it

例　替换成 An umbrella with 'tradition Chinese ink painting' print on it（印有"中国传统水墨画"的雨伞）

作者心得

（1）在生成雨伞的过程中，伞柄容易出现结构扭曲，在关键词中加上 Symmetrical structure （对称结构）会好一些。

（2）如果不需要限定雨伞图案的颜色，则可以删掉 In the style of light green and light beige（浅绿色和浅米色风格）；如果有想要的颜色，则将 light green 和 light beige 修改成相应的颜色即可。

案例赏析

第 85 例

美甲

软件及版本：Midjourney V5.2

设置界面：

关键词	◎ Girl　女孩　◎ Nail art design　美甲艺术设计　◎ Purple 紫色 ◎ Medium violet　中紫罗兰　◎ Simple picture::　简单的图片 ◎ Few floral patterns:　少数花卉图案

可替换关键词：可将 Purple（紫色）替换为其他需要的颜色

深橄榄绿	珊瑚粉	奶茶棕
Darkolive green	Coral powder	Milk tea brown

例 替换成 Darkolive green（深橄榄绿）

作者心得

（1）截至 2023 年 7 月，AI 绘画都还未能很好地解决手部细节刻画的问题，所以生成的图片中可能会出现多根手指的情况，但在这个案例中，我们只参考美甲设计即可。

（2）Stable Diffusion 的 ControlNet 插件能够解决多根手指的情况，但是需要手部和身体其他部位的姿势一起借鉴才行，并且需要许多词语去修饰，所以在这里作者用 Midjourney 展示效果。

（3）关键词表格中词语后面的冒号也起到增加权重的作用，在使用时可使用英文输入法输入标点符号。

第 86 例

T 恤

软件及版本：Midjourney V5.2

设置界面：

关键词	◎ A white T-shirt 一件白色 T 恤 ◎ With a Picasso painting printed on it 上面印着毕加索的画 ◎ Finished product 成品 ◎ On the hanger 挂在衣架上 ◎ Studio lighting 工作室灯光 ◎ Authentic details 真实的细节

可替换关键词：可将 Picasso painting（毕加索的画）替换为表格中喜欢的内容

油画涂鸦	一个漂亮女孩	刺绣花朵
Oil painting graffiti	A beautiful girl	Embroidered flower

例　替换成 Oil painting graffiti（油画涂鸦）

作者心得

（1）T 恤的颜色也可以根据需求改变，如将 white（白色）替换为 black（黑色）、light purple（浅紫色）、orange（橙色）等。

（2）目前 Midjourney V5.2 还无法准确识别单词、文字，所以无法在 DIY 的过程中向它强调类似于 with a word printed on it（上面印着一个单词）这样的描述。单个字母可能会实现，但是汉字无法正确呈现。

四、艺术作品设计

第 87 例

衍纸艺术

软件及版本：Midjourney V5.2

设置界面：

关键词	◎ Paper quilling 衍纸 ◎ Van Gogh's Starry Night 梵高的《星空》 ◎ Layered 层次分明的 ◎ Leave blank space 留白 ◎ Simple and polished 简洁而优雅 ◎ Light background 浅色背景 ◎ Full of details 充满细节

可替换关键词： 可将 Van Gogh's Starry Night（梵高的《星空》）替换为表格中喜欢的内容

约翰内斯·维米尔的《戴珍珠耳环的少女》	达·芬奇的《蒙娜丽莎》	中国山水画
Johannes Vermeer's the girl with pearl earrings	Leonardo Da Vinci's Mona Lisa	Chinese landscape painting

例　替换成 Johannes Vermeer's the girl with pearl earrings（约翰内斯·维米尔的《戴珍珠耳环的少女》）

作者心得

（1）如果想要根据自己的创意生成衍纸作品，可以将关键词 Van Gogh's Starry Night（梵高的《星空》）替换为常见的元素，如 blooming flowers（绽放的花朵）、fluttering butterfly（飞舞的蝴蝶）等。

（2）如果想用自己的照片生成一幅衍纸作品，可以通过垫图的方式实现，但是最好选择背景比较简单的图片作为垫图。

案例赏析

第 88 例

纸雕艺术

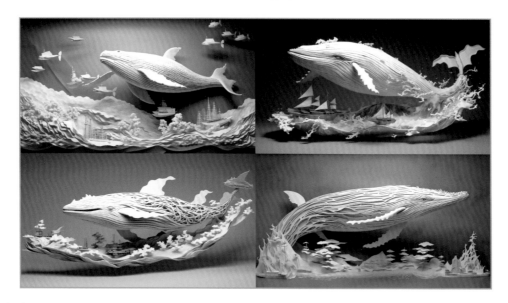

软件及版本：Midjourney V5.2

设置界面：

关键词	◎ Paper carvings 纸雕作品

◎ Paper carvings 纸雕作品

◎ Whales soaring in the clouds 在云中游动的鲸鱼　◎ Side view 侧视图

◎ Lifelike 栩栩如生的　◎ In focus 焦点对准　◎ Depth of field 景深

◎ Unmatched Details 无与伦比的细节　◎ --ar 5:3 画面比例 5:3

可替换关键词：可将 Whales soaring in the clouds（在云中游动的鲸鱼）替换为表格中喜欢的内容

仲夏夜之梦	女生侧脸剪影	竹林里的熊猫
A Midsummer Night's Dream	Female profile silhouette	Panda in bamboo forest

例 替换成 A Midsummer Night's Dream （仲夏夜之梦）

作者心得

（1）作品的内容可以天马行空，不局限于生活中已有的事物或场景，可以像案例中的 Whales soaring in the clouds（在云中游动的鲸鱼），还有 A castle under the sea（海底的城堡）、Climb the cloud ladder（爬上云层的梯子）等。

（2）生成的图片中可能会出现一两张风格酷似雕塑的图画，可以在关键词中再次强调 paper（纸）、paper art（纸艺）或 paper material（纸质材质）等。

第 **10** 章 建筑及家居设计

学习内容 ▼

第 89 例

建筑草图渲染

软件及版本：Stable Diffusion

设置界面：

关键词	正面提示词: ◎ 8K realistic landscape design 8K 现实景观设计 ◎ Modern simplicity 现代简约 ◎ 4K real building structure 4K 真实建筑 ◎ 3D rendering 三维渲染 负面提示词: （详见第 4 页负面提示词通用模板）

可替换关键词: 可以添加关于环境背景的短语，让效果更加出彩

在冰原	在草原	在戈壁滩
In the ice field	On the grassland	In the gobi desert

例 添加背景 In the ice field （在冰原）

作者心得

（1）在这里作者运用了一个新的功能，即 depth，它的作用是帮助我们判断图片的远近关系，让生成的图片更有空间感。

（2）在本例中，因为作者垫了一张黑白线稿图，所以在控制类型中选择了全部，预处理器选择了 invert（反相），最后才在模型中选择了 depth 的深度模型。如果是直接用建筑图片，不是使用草图的话，可以直接在控制类型中选择 depth，能够更快速地得到空间感的效果。

（3）除了将草图渲染出本例的显示效果，更换风格模型也能制作不同的效果。

第 90 例

建筑剖面图

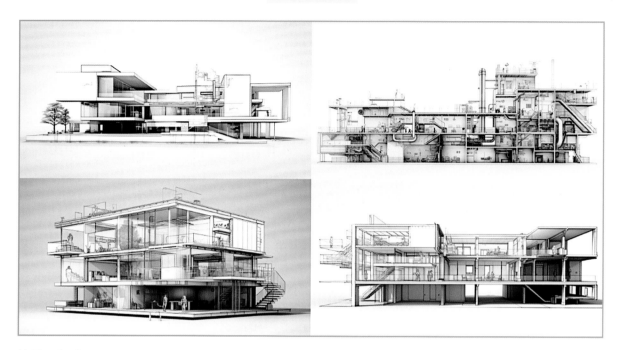

软件及版本：Midjourney V5.2

设置界面：

关键词	◎ A simple building cutaway　一张简单的建筑剖面图 ◎ White background　白色背景　◎ Minimalism　极简主义 ◎ Wireframes drawing　线框图　◎ High resolution　高分辨率 ◎ ‒‒ar 16:9　画面比例 16:9

可替换关键词：可将 Wireframes drawing（线框图）替换为表格中喜欢的风格

数码绘画	钢笔和墨	三维渲染
Digital painting	Pen and ink	3D rendering

例　替换成 3D rendering（三维渲染）

作者心得

（1）要生成一张简单的建筑剖面图不需要十分复杂的关键词，但是如果想要不同的视觉效果，
可以添加关键词，如 colored pencil（彩铅）、line and wash（线描水彩）等。

（2）如果需要某一具体对象的建筑剖面，可以更改关键词，如将 building（建筑）改为 bridge（桥）、
villa（别墅）、pyramid（金字塔）等。

第 91 例

雕塑

软件及版本：Midjourney V5.2

设置界面：

关键词	◎ A wood carving　一个木雕　◎ Thinker　思考者　◎ Chiseled　轮廓分明的 ◎ Work by Baccio D'AGNOLO　巴乔·达尼奥洛作品 ◎ White background　白色背景　◎ Global lighting　全局照明

可替换关键词：可将 A wood carving（一个木雕）替换为表格中喜欢的内容

石膏雕塑	石雕	玻璃钢材质
A sculpture made of plaster	A sculpture made of stone	Fiberglass material

例　替换为 A sculpture made of plaster（石膏雕塑）

作者心得

（1）可以尝试多个雕塑大师的风格，如将 Baccio D'AGNOLO（巴乔·达尼奥洛）替换为 Michelangelo（米开朗基罗）、Henry Moore（亨利·摩尔）、Jeff Koons（杰夫·库恩斯）等。

（2）雕塑图的背景可以根据雕塑的材质变化，如可以将 White background（白色背景）直接改成 Clean background（干净的背景）。

（3）如果不想要某个具体的大师的风格，可以将 Work by Baccio D'AGNOLO（巴乔·达尼奥洛）删除。

第 92 例

户外装置

软件及版本：文心一格

设置界面：

关键词：广场装置，草坪上，不锈钢质感的大象，高清，详细的细节		
画面类型：智能推荐	比例：横图	数量：1

可替换关键词：可将关键词及设置参数根据个人实际需要进行调整

风格 1	风格 2	风格 3
关键词：广场装置，草坪上，不锈钢质感的雕塑，长颈鹿，高清	关键词：广场装置，沙滩上，石头质感，海豚雕塑高清	关键词：户外装置，沙漠里，玻璃质感，金字塔，高清
画面类型：智能推荐	画面类型：智能推荐	画面类型：插画
比例：横图	比例：横图	比例：横图
数量：1	数量：1	数量：4

例 替换成"长颈鹿"

作者心得

（1）除了更换物体，还可以对质感和背景提出需求，根据实际使用情况来选择词语。

（2）在本例制作过程中，作者使用了智能推荐的模型，实际上可以根据需求选择不同的模型。

第 93 例

厨房

软件及版本：Stable Diffusion

设置界面：

关键词	正面提示词：◎ 1 Vintage kitchen in red 1 个红色的复古厨房 ◎ 3D rendering 三维渲染 ◎ Contemporary nostalgia 当代怀旧 ◎ Panoramic 全景 ◎ Dark white and red 深白色和红色 ◎ Domestic scenes 国内场景 ◎ Detailed details 详细的细节 ◎ Best picture quality 最佳画质 负面提示词：（详见第 4 页负面提示词通用模板）

可替换关键词：可将 Vintage（复古）替换为表格中喜欢的设计风格

现代	欧式	新中式
Modern	European style	Neo-Chinese style

例 替换成 Modern（现代）

作者心得

（1）在制作这种全景图时，出图效果与尺寸有很大关系，如果是一张正方形的图片，可能会出现两个厨房，这就需要我们不断尝试了。

（2）除了更改设计风格，还可以对材质和颜色进行更改。

第 94 例

儿童房

软件及版本：Midjourney V5.2

设置界面：

关键词	◎ A bedroom for kids　孩子的卧室
	◎ With little bears and blue clouds　有小熊和蓝色的云朵
	◎ In the style of light blue and light amber　浅紫色和浅琥珀色的风格
	◎ Vibrant scenes　充满活力的通风场景
	◎ Captivating lighting　迷人的灯光　◎ Sketch-like　素描般的
	◎ Naturalistic depictions　自然主义描绘
	◎ Vibrant and lively hues　充满活力和活泼的色调
	◎ --ar 16:9　画面比例 16:9

可替换关键词：可将 With little bears and blue clouds（有小熊和蓝色的云朵）替换为表格中喜欢的
　　　　　　风格

有小猫和蓝色的云朵	太空主题	童话主题
With little cat and blue clouds	With space theme	With fairy tale theme

例　替换成 With space theme（太空主题）

作者心得

（1）在变换房间的主题时，可以同时改变想要的主题颜色，如在设置成 With space theme（太空主题）时，可以将颜色替换成 In the style of dark blue（深蓝色的风格）。

（2）如果需要在一个房间内放两张床，可以在关键词中添加 bunk structure（上下床结构）或者 two beds（两张床）等。

案例赏析

Midjourney
S Stable diffusion
文心一格
Playground
Pebblely
Vega AI
SIX PEN Art
LUCIDPIC

第 95 例

书房

软件及版本：Midjourney V5.2

设置界面：

关键词	◎ 30m² space design 30m² 空间设计 ◎ Study 书房 ◎ A whole wall of books 一整面墙的书 ◎ Nordic style 北欧风格 ◎ Desk 书桌 ◎ Floor-to-ceiling windows 落地窗 ◎ Tea table 茶几 ◎ Dotted with greenery 点缀着绿植 ◎ Log style 原木风

可替换关键词： 可将 Nordic style（北欧风格）替换成其他风格

新中式风格	美式风格	轻奢风格
New Chinese style	American style	Light luxury style

例 替换成 New Chinese style（新中式风格）

作者心得

（1）Midjourney 对空间有一定概念，我们在使用时可以输入房间数据，剩下的交给 AI 自动生成。

（2）AI 生成的图纸只能用作参考，具体如何实践，还需要我们结合实际情况进行尝试。

第 96 例

阳台

软件及版本：Midjourney V5.2

设置界面：

关键词	◎ A balcony 一个阳台　◎ About 10 square meters 约 10 平方米
	◎ Seats and small table 座椅和小桌子　◎ Wooden flooring 木地板
	◎ Reasonable planning 规划合理　◎ Serene ambiance 宁静的氛围
	◎ Soft sunlight 柔和的阳光　◎ Relaxing and harmonious 轻松和谐
	◎ Mediterranean decoration style 地中海装饰风格
	◎ 8K photography 8K 摄影　◎ --ar 16:9 画面比例 16:9

可替换关键词：可将 Mediterranean decoration style（地中海装饰风格）替换为表格中喜欢的风格

复古的中式风格	日式装修风格	现代简约风格
Retro Chinese style	Japanese decoration style	Modern minimalist style

例　替换成 Retro Chinese style（复古的中式风格）

作者心得

（1）阳台的实际大小会影响出图的布局效果，我们可以根据实际出图效果调整关键词，如将 about 10 square meters（约 10m^2）改为 about 20 square meters（约 20m^2）。

（2）如果想在阳台上放置更多物品，可以在关键词中添加相应的描述语言，如 a three-layer wooden shelf for placing flower pots（一个三层的放置花盆的木质架子）、a swing（一架秋千）或 a pot of cactus（一盆仙人掌）。

（3）如果想看一下不同视角的出图效果，可以添加关键词 long shot（远景）或 aerial view（鸟瞰图）。

案例赏析

第 97 例

卫生间

软件及版本：Midjourney V5.2

设置界面：

关键词	◎ A 3D rendering of the bathroom　一张卫生间的三维效果图 ◎ About 8 square meters　约 8 平方米　◎ Commercial style　商业风格 ◎ Luminous　明亮的　◎ Reasonable layout　布局合理 ◎ Dry and wet separation　干湿分离　◎ Practical availability　实际可用的 ◎ Extreme detail　极致细节　◎ --ar 16:9　画面比例 16:9

可替换关键词：可将 Commercial style（商业风格）替换为表格中喜欢的风格

海边风格	温馨风格	乡村风格
Seaside style	Warm style	Rustic style

例　替换成 Seaside style（海边风格）

作者心得

（1）如果想从顶部查看整个卫生间的布局，可以在关键词中添加 Top view（顶视图）、Aerial view（鸟瞰图）。

（2）卫生间的装修风格除了表格中列举的几种，我们还可以根据自己的喜好，试一试 Luxury style（奢华风）、Minimalist style（极简风）、Retro style（复古风）以及 Industrial style（工业风）等。

（3）如果对图中的布局不满意，可以通过关键词进行强调，如 Reduce shower area（减少淋浴区面积）、The sink is on the right side（洗手台在右边）等。

第 98 例

家具

软件及版本：Midjourney V5.2

设置界面：

关键词	◎ Lazy person hanging chair　懒人吊椅 ◎ In the style of light green and white　风格以淡绿色和白色为主 ◎ Simple and elegant style　风格简约典雅　◎ Iron architecture　铁质架构 ◎ Organic material　有机材质　◎ Postmodern minimalism　后现代极简主义

可替换关键词：可将 Lazy person hanging chair（懒人吊椅）替换为表格中喜欢的内容

一套餐桌	客厅的沙发	卧室的衣柜
A set of dining tables	The sofa in the living room	The wardrobe in the bedroom

例　替换成 A set of dining tables（一套餐桌）

作者心得

（1）家具的配色可以根据自己的喜好调整，常见的颜色有 Pure white（纯白色）、Beige（米色）、Brown（棕色）等，可以在网络上寻找衣柜实物图，参考其配色。

（2）制作不同的家具，风格可以进行调整，比如在制作衣柜时，将 Postmodern minimalism（后现代极简主义）替换为 European classical style（欧式古典风格）、The New Chinese style（新中式风格）等。

第 99 例

墙纸

软件及版本：Midjourney V5.2

设置界面：

关键词	◎ A wall wallpaper 壁纸
	◎ A flower painting by Justin Gaffrey 贾斯汀·加弗里的一幅花卉画
	◎ Simple and sleek 简洁流畅的　◎ Personalization 个性化
	◎ Matching art 搭配艺术　◎ Detail control 细节把控
	◎ --ar 5:3 画面比例 5:3

可替换关键词：可将 A flower painting by Justin Gaffrey（贾斯汀·加弗里的一幅花卉画）替换为表格中喜欢的风格

纯色	亚历山德罗·戈塔多的一幅莲花画	抽象几何
Solid color	A lotus flower painting by Alessandro Gottardo	Abstract geometry

例 替换成 A lotus flower painting by Alessandro Gottardo（亚历山德罗·戈塔多的一幅莲花画）

作者心得

（1）Midjourney V5.2 目前对于限定的绘画主题无法做到完全贴切，比如在限定为 Corn poppy（虞美人）时，结果生成了梅花（plum blossom），所以需要多次尝试。

（2）如果想要尝试更可爱的画风，可以将 Midjourney V5.2 改成 Midjourney Niji 5。

第 100 例

花园

软件及版本：Midjourney V5.2

设置界面：

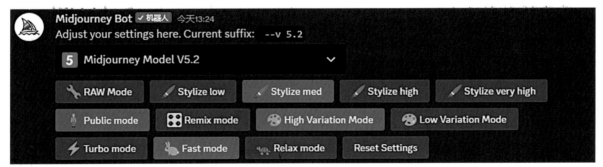

关键词	◎ A garden design renderings　一张花园设计效果图 ◎ About 30 square meters　约 30 平方米　◎ Aerial view　鸟瞰图 ◎ Seats and small table　座椅和小桌子 ◎ Swimming pool and swing　游泳池和秋千 ◎ Reasonable plants　合理的植物　◎ Chinese garden　中式花园 ◎ Early morning sunshine　清晨阳光　◎ Strengthen details　强化细节 ◎ Super clear picture quality　超清晰画质　◎ --ar 16:9　画面比例 16:9

可替换关键词： 可将 Chinese garden（中式花园）替换为表格中喜欢的风格

日式花园	法式花园	东南亚式花园
Japanese garden	French garden	Southeast Asian garden

例　替换成 French garden（法式花园）

作者心得

（1）如果需要呈现鲜花盛开时的布局效果，可以添加关键词 Blooming flowers（盛开的鲜花）。

（2）如果不需要俯瞰的全局视角，可以将 Aerial view（鸟瞰图）替换为 Eye-level view（平视视角）、Ultra-Wide Angle（超广角），感受不一样的视角角度。

第 101 例

微景观

软件及版本：Midjourney V5.2

设置界面：

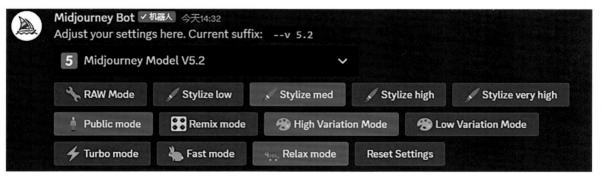

关键词	◎ Microlandscape　微景观　◎ Open transparent container　开放式透明容器 ◎ Moss　苔藓　◎ Stone　石头　◎ House model　房屋模型　◎ Shimmer　微光 ◎ Clean background　干净的背景　◎ Macro photography　微距摄影 ◎ 8K　8K 清晰度　◎ --ar 5:3　画面比例 5:3

可替换关键词： 可将 Microlandscape（微景观）替换为表格中喜欢的内容

生态鱼缸微景观	水晶球微景观	花园微景观
Ecological fish tank microlandscape	Crystal ball microlandscape	Garden microlandscape

例 替换成 Crystal ball microlandscape（水晶球微景观）

作者心得

（1）微景观中可以放置的小物件或植物有很多，可以添加或替换关键词，如添加 fittonia arundinacea（网纹草）、asparagus fern（文竹）等，用 cobblestone（鹅卵石）替换 stone（石头）等。

（2）为了使生成的微景观能够呈现出有开口的状态，需要强调 Open transparent container（开放式透明容器），否则 Midjourney 容易生成一个看起来完全密闭的微景观空间。

案例赏析